新时代工程咨询与管理系列丛书

# 重大输水工程交易中锦标激励机制研究

韩 涵 著

中国建筑工业出版社

**图书在版编目（CIP）数据**

重大输水工程交易中锦标激励机制研究 / 韩涵著 .
北京 : 中国建筑工业出版社 , 2024. 9. --（新时代工程
咨询与管理系列丛书）. -- ISBN 978-7-112-30428-8

Ⅰ . TV672

中国国家版本馆 CIP 数据核字第 2024CG7322 号

责任编辑：朱晓瑜　李闻智
文字编辑：王艺彬
责任校对：赵　力

新时代工程咨询与管理系列丛书
# 重大输水工程交易中锦标激励机制研究
韩　涵　著

\*
中国建筑工业出版社出版、发行（北京海淀三里河路 9 号）
各地新华书店、建筑书店经销
北京点击世代文化传媒有限公司制版
建工社（河北）印刷有限公司印刷
\*
开本 : 787 毫米 ×1092 毫米　1/16　印张 : 10½　字数 : 232 千字
2024 年 10 月第一版　2024 年 10 月第一次印刷
定价 : **55.00** 元
ISBN 978-7-112-30428-8
（43756）

# 前　言｜FOREWORD

重大输水工程是解决城市居民和工业用水短缺的战略性工程，在提高水资源配置效率和增加水资源承载能力等方面具有突出作用。2021年，中央政府已明确在"十四五"期间加强国家水网建设的目标，当前，我国仍处于重大输水工程建设的高峰期。然而，统计数据显示，建成和在建的重大输水工程中约有90%的工程存在成本超支、工期滞后、安全功能不佳等问题。在工程实践中，周而复始的质量返工、工程超期等现象不断出现，这不仅会在一定程度上影响工程目标的实现，也会加重政府的财政压力和运行管理负担。

与一般水利工程相比，重大输水工程通常呈线状分布，具有投资规模大、实施周期长、建设范围广、影响因素多、外部环境复杂等特征，面临更大的不确定性。业主（项目法人）通常根据重大输水工程线状分布的特点，将其在空间上进行分区或分段发包，与多个工程承包方签订委托代理合同，同时进行交易，存在多个委托代理关系。根据委托代理理论，处于信息优势的多个承包方在不确定环境中倾向采取机会主义行为，包括偷工减料、恶意索赔等，这是造成重大输水工程建设质量欠佳、工期延误和成本超支的主要原因之一。

高度不确定性所引发的业主与多承包方之间的委托代理问题在重大输水工程交易中显得尤为突出，现有的监管机制、线性激励机制和信用体系并不能完全解决此类问题，阻碍了重大输水工程建设绩效的提升。解决重大输水工程交易中多承包方机会主义行为的关键是，业主设计一种合理的报酬机制，激励多承包方付出最大努力水平，实现工程利益最大化。本书研究如何对重大输水工程交易中锦标激励机制进行优化，以抑制重大输水工程交易中多承包方的机会主义行为，解决重大输水工程建设绩效不高和管理效率欠佳的问题，在我国重大输水工程的理论研究和工程实践中具有重大意义。

法国诺贝尔奖获得者雅克·拉丰在《政府采购与规制中的激励理论》一书中提到，在激励规制中可以运用"相对绩效评估"来降低委托代理关系中信息的不对称程度。锦标激励是一种基于相对绩效评估的激励方法，能起到对多代理人行为的协同管理。在不确定性较高的委托代理关系中，锦标激励具有协同激励多承包方建设行为、剔除外部因素干扰和降低交易成本等优点，是解决重大输水工程交易中多承包方代理问题的重要手段。基于此，本书根据重大输水工程交易中多承包方平行施工的特点，遵循状态—结构—绩效的研究范式，探讨了重大输水工程交易中的锦标激励机制，为重大输水工程建设管理的激励决策提供科学的理论依据，满足我国重大输水工程项目管理实践的需要。

本书的出版得到了2024年河南省哲学社会科学规划项目"河南省水-能-粮-生态系统绿色效率测度及适配格局优化研究"和河南省高校人文社会科学研究一般项目（2025-ZZJH-052）的资助，在此表示感谢。本书的研究内容借鉴了国内外许多学者的研究成果，在此深表谢意。本书的研究内容由韩涵（华北水利水电大学）统筹与编写，由于本人学识有限，不论在理论上，还是文字表达上均会存在一些疏漏或不当之处，敬请各位读者斧正！容后在大家的指导帮助下修改，以争取不断提高。

韩涵

于华北水利水电大学

# 目 录 | CONTENTS

第 1 章

绪论

第 2 章

相关概念界
定与理论
基础分析

**第3章**

重大输水工程交易中实施锦标激励的演化博弈分析

**第4章**

**重大输水工程交易中多目标锦标激励方案设计**

**第5章**

**重大输水工程交易中锦标激励成效测度体系构建**

**第6章**

案例分析——以GD省ZSJ水资源配置工程为例

**第7章**

结论与展望

**附录**

| 第 1 章 |

# 绪论

## 1.1 研究背景及问题的提出

### 1.1.1 研究背景

改革开放以来，随着经济社会的发展和科学技术的进步，一大批重大水利工程应运而生，在保障国家水安全和水资源配置上起到重要作用。随着城镇化及工业化的进一步快速发展，重大水利工程的投资规模和增长幅度都呈现出前所未有的繁荣景象[1]。重大水利工程中的输水工程是解决区域城市居民和工业用水短缺的战略性工程，在提高水资源的配置效率和增加水资源承载能力等方面具有突出作用。2021年，中央政府在《中华人民共和国国民经济和社会发展第十四个五年规划和2035年远景目标纲要》中提出"完善水资源配置体系，建设水资源配置骨干项目，加强重点水源和城市应急备用水源工程建设"的规划，明确提出在"十四五"期间大力推进国家水网建设[2]。当前，我国仍处于重大输水工程建设的高峰期。加快重大输水工程建设，确保重大输水工程的顺利实施，是保障国家水安全、推动区域经济发展的一项重要举措[3]。

然而，统计数据显示，我国重大输水工程的成功率并不高，以单个项目同时满足工期、质量和进度目标为成功标准，重大输水工程的成功率仅有8%，远远低于建设工程25%的平均成功率[4]。建成和在建的重大输水工程中约有90%的工程面临成本超支、工期滞后、安全功能发挥不佳等问题[5, 6]。在工程实践中，施工承包方建设效益低下、延期交付和施工质量不佳的现象屡见不鲜[7-9]，这不仅会在一定程度上影响工程建设目标的实现和可持续发展，还会加重政府的财政压力和运行管理负担。如何提升重大输水工程的建设绩效和管理水平已成为重大工程研究者及项目管理人员关注的热点问题[10]。

重大输水工程具有线状分布、建设周期长、不确定性大、施工环境复杂多变等特征，这种高度复杂和不确定性特征，导致重大输水工程的建设管理比其他工程复杂得多。如何针对重大输水工程的特点，提升其建设绩效，确保工程建设目标的实现，对重大输水工程效益的发挥至关重要。

### 1.1.2 研究问题

重大输水工程通常呈线状分布，为缩短建设工期，充分发挥投资效益，业主（项目法人）一般将工程在空间上分成若干段，或将主要单体建筑物作为建设的基本单元，采用设计—招标—建造（Design—Bid—Build，DBB）的方式组织实施多个子项目，即M—DBB模式。在工程交易理论视角下，建设工程实施的过程即为交易过程，有"边生产，边交易"的特点[11]。在重大输水工程交易的M—DBB模式下，业主将工程的建设任务委托给多个承包方执行，与多个工程承包方以合同为纽带同时进行交易，存在多个委托代理关系，重大输水工程的建设绩效主要取决于多个承包方的代理效果[12, 13]。

与传统委托代理理论的研究对象相比，重大输水工程有多任务产出的特点，需要同时实现工期、安全和质量等目标，且外部环境多变，面临着更大的任务、环境和组织的不确定性。根据委托代理理论，在重大输水工程交易中，业主与多承包方具有不同的利益诉求，处于信息优势的多承包方在不确定环境中倾向采取机会主义行为，包括偷工减料、恶意索赔等[14]，这是造成重大输水工程建设质量欠佳、工期延误和成本超支的主要原因之一[15]。高度不确定性所引发的业主与多承包方之间的委托代理问题在重大输水工程交易中显得尤为突出，严重阻碍了重大输水工程建设绩效的提升。

在重大输水工程交易中，业主通常采用加大监管力度的方式来解决多承包方的代理问题，然而，重大输水工程庞大的工程范围、多承包方的参与及环境不确定性给业主的监管带来巨大挑战，监管效果不佳[16]。而且由于建设工程常用的信用管理体系存在信息滞后性，其对抑制多承包方机会主义行为的作用不明显。相关研究表明，激励机制是消除承包方机会主义行为，提高监管效率和建设绩效最有效的措施之一[17, 18]。目前，建设工程中普遍存在的激励机制是线性激励机制[19]，奖金"均等"分配，适用于承包方数量少、不确定性小的中小型建设工程。由于一对一的线性激励制度缺乏同时对多个代理人工作绩效的综合考虑[20]，无法实现对多代理人行为的协同管理，且易陷入"激励悖论"的陷阱[21]，其不适用于多承包方参与的重大输水工程的交易。线性激励机制在重大输水工程交易的实际应用中存在偏差和失灵，使得重大输水工程建设绩效得不到改善[22, 23]。

法国诺贝尔奖获得者雅克·拉丰认为，在不确定性较大的环境中，可以运用"相对绩效评估"的激励制度来降低委托代理信息的不对称程度[24]。作为基于相对绩效评估的激励方式，锦标激励以阶梯式薪酬奖励为基础，根据组织中个人或团队的排名来确定利益的分配，对多代理人的激励有积极作用[25]。在不确定性较高的委托代理关系中，锦标激励可以实现对多代理人之间行为的横向对比，具有抑制多代理人合谋和机会主义行为的优点[26]。在不确定性大且多承包方参与的重大输水工程交易中，锦标激励可以起到对多承包方行为的协同管理和激励，是解决多承包方代理问题的有效途径。如何应用锦标激励机制对现有激励制度进行优化，以应对重大输水工程交易中多承包方的代理问题，成为破解重大输水工程建设效率低下和工程绩效欠佳问题的关键。因此，本书根据重大输水工程交易的特点，设计了重大输水工程交易中的锦标激励机制，以期改善工程建设绩效，为重大输水工程建设管理的激励决策提供科学的理论依据。

## 1.2 研究目标与意义

### 1.2.1 研究目标

在我国"十四五"期间大力推进国家水网建设的背景下，针对重大输水工程建设绩效欠佳的问题，研究重大输水工程交易中的锦标激励机制，以满足我国重大输水工程管理理论和实践的需要。本书旨在针对重大输水工程交易的特点和存在的问题，以状态（State）—结构（Structure）—绩效（Performance）（SSP）理论为研究范式，进行重大输水工程交易中实施锦标激励的演化博弈分析、锦标激励方案设计和成效测度体系构建。本书预期实现的目标如下：

（1）探究锦标激励下重大输水工程交易中业主和多承包方的行为演化规律以及影响因素，寻找整个系统共赢的策略选择，为后续锦标激励方案的设计奠定基础。

（2）基于重大输水工程的特点，确定交易中实施锦标激励的目标和原则，构建基于公平偏好的重大输水工程交易的多目标锦标激励模型，设计锦标激励结构，形成重大输水工程交易中的锦标激励薪酬分配方案。

（3）从实施锦标激励的目标和指标构建原则出发，构建重大输水工程交易中锦标激励成效测度的指标体系，并建立重大输水工程交易中锦标激励成效测度动态决策模型，以期对锦标激励的实施效果做出科学判断。

## 1.2.2　研究意义

作为"国之重器"的重大输水工程，不仅在保障水资源安全上起到重要支撑作用，同时也是国家基础设施补短板的重要领域。高度不确定性所引发的业主与多承包方之间的委托代理问题在重大输水工程交易中显得尤为突出，严重影响了重大输水工程建设绩效的提升。针对重大输水工程建设绩效欠佳的问题，研究重大输水工程交易中的锦标激励机制，以顺利实现工程建设的预期目标，在我国重大输水工程管理理论研究和工程实践中具有重大意义。提升重大输水工程建设绩效，以及充分发挥重大输水工程的投资效益是保证我国经济发展，满足人民日益增长的美好生活需要的重要保证。重大输水工程交易中锦标激励机制研究的意义体现在理论和实践两个方面。

### 1. 理论意义

第一，为营造诚信、健康的重大输水工程建设环境提供理论支持。防范多承包方的机会主义行为对营造诚信的重大输水工程建设环境至关重要，工程建设领域以往关于促进承包方诚信行为的博弈分析，大多通过制定不同的激励惩罚机制，探讨业主与单一承包方的行为演化策略，较少出现业主与多个承包方的激励博弈分析。本书应用演化博弈理论，构建实施锦标激励的重大输水工程交易中业主和多承包方的演化博弈模型，分析了多承包方努力且诚信工作行为的演化路径和影响因素。研究结果不仅可以为项目管理者的激励决策提供策略基础，还为营造重大输水工程诚信的建设环境提供理论支撑。

第二，优化了锦标激励模型，丰富锦标激励的应用范畴，为重大输水工程建设管理的规划决策提供科学的理论参考。以往关于锦标激励的分析主要来自于发达市场，其在我国市场体系尚不完善的建筑领域的应用还存在一定不足。本书根据重大输水工程交易的特点，构建了基于公平偏好的重大输水工程交易中的多目标"J"形锦标激励模型，对现有锦标激励模型进行设计和完善。不仅在一定程度上扩展了锦标激励的应用范畴，促进了经济学、管理学、制度学等多学科的交叉发展，还从理论上对锦标激励模型进行优化，完善了重大输水工程激励决策的理论研究。

### 2. 实践意义

第一，丰富了重大输水工程交易中的激励决策制度，为重大输水工程交易中激励制度的设计提供新的思路。本书探讨了锦标激励下重大输水工程交易中业主与多承包方的行为策略选择、演化规律和行为影响因素，研究结果为业主及相关部门制定和优化重大输水工程激励管理制度提供参考。此外，本书设计的重大输水工程交易中多目标锦标激励方案，可为业主及相关部门在施工合同中制定相关锦标激励条款提供借鉴，对重大输水工程微观制度环境的建设具有重要实践意义。

第二，完善了重大输水工程交易的锦标激励成效测度体系，有利于重大输水工程激励管理制度的创新。本书构建了重大输水工程交易的锦标激励成效测度模型，在重大输水工程锦标激励成效的考核实践中具有重要意义。构建的能够具体表征重大输水工程交易中多目标激励的指标体系，为相关部门的锦标激励成效考核提供指标依据；此外，建立的能准确反映每个承包方建设成效态势和位置变化的锦标激励成效动态测度模型，为相关部门对多承包方建设成效的测度提供方法基础。锦标激励成效测度的研究结果为相关部门针对性地调整和优化锦标激励措施提供方法基础和支撑，有利于重大输水工程激励管理制度的创新。

## 1.3　国内外研究现状及评述

本书主要针对重大输水工程交易中业主与多承包方之间的委托代理问题，研究重大输水工程交易中的锦标激励机制，以期改善重大输水工程的建设绩效。本书的主要研究要素包括：建设工程交易、建设工程激励和锦标激励等。因此，本书拟从上述几个方面的研究及发展动态进行文献综述。

### 1.3.1　建设工程交易相关研究

关于建设工程实体或工程交易的研究，学者大多从交易机制、交易费用、建设工程交易中承包方机会主义行为产生的原因与演化路径等方面展开探讨。

#### 1. 建设工程交易机制

建设工程实施的过程可以看作是交易的过程，是将建设工程作为交易客体的大宗交易，建设工程交易从合同交易时间上划分为合同签订前和合同签订后两个阶段[11]。工程合同签订前的交易是通过招标合同确定中标人和合同交易价的交易；合同签订后的交易则是针对建设工程实施过程的交易，是"边生产、边交易"的过程[27]。相应的，根据建设工程交易的阶段，建设工程交易的机制分为合同签订前的招标机制和合同签订后的激励机制[28]。鉴于本书是研究重大输水工程合同签订后的交易，因此着重讨论合同签订后的激励机制。

在建设工程实施过程中，是否有必要对承包方实施激励及采取何种激励程度引发学者的广泛关注。国内外学者从施工过程中实施激励机制的必要性和激励程度上进行了较多探讨。在合同激励机制的必要性方面，Bubshait[18]运用实证研究的方法证明了建设工程交易中激励合同的合理性，发现激励合同条款对抑制承包方的道德风险行为有积极作用。Ling等[29]就合同激励的必要性展开研究，通过调查新加坡建设工程的案例发现，激励机制可以更好地规范承包方的行为。吉格迪和杨康[30]通过引入挣值管理，将工期、质量和成本多要素目标结合起来研究了激励的协调效应。

在激励程度的研究方面，Han等[31]设计了抑制代理人机会主义行为的激励模型，发现通过增加激励程度可以提高承包方的施工努力水平，并起到抑制工程交易中承包方机会主义行为的作用。汪应洛和杨耀红[32]从承包方和业主双方视角出发，通过建立主从递阶多合同决策模型设计了相应的奖罚合同，该奖罚合同能有效激励大型工程交易中承包方的施工行为。王晓州[14]通过分析建设工程业主和承包方之间的委托代理经济学关系和激励约束机制的设计原理发现，激励合同的设计应满足业主和承包方的激励相容约束。

这些学者的研究均证明，合同激励机制在建设工程的交易中发挥重要作用，主要表现在规范工程交易中承包方行为、降低交易费用和增加承包方施工努力程度等方面。

### 2. 建设工程交易费用

建设工程交易费用是建设工程交易中常被关注和思考的要素之一。建设项目的成本不仅包括项目建设过程中的实际建设成本，还包括交易过程中产生的交易费用。根据合同签订的时间节点，建设项目的交易费用包括事前交易费用和事后交易费用[33]。在建设工程的交易中，由于事后交易费用的影响因素多而复杂，且所占的比例较高，因此得到了国内外工程建设领域学者和工程实践人员的广泛关注。关于事后交易费用的探讨主要集中在以下几个方面：

（1）交易费用产生的原因

王卓甫和丁继勇[11]认为在建设工程的交易中，交易的复杂性和长期性是产生交易费用的原因之一。李慧敏[34]认为在建设合同签订后，由于认知的有限性和交易的不确定性，会引起合同执行过程中的变更、索赔，甚至纠纷，解决这些问题会产生交易费用。随后，李慧敏[35]把交易费用理论应用到建设工程的交易中，依照交易费用理论建立了建设工程交易的研究范式，发现由工程规模、发包方式以及外部不确定性等造成的承包方的机会主义行为是影响交易费用的主要因素。与李慧敏的研究结果相似，方彦腾[36]也认为合同签订后，建设工程的复杂性和不确定性以及工程所在地是影响交易费用的主要原因。吴佳明[37]则认为监督、协调、保证和支持成本是产生交易费用的主要原因。

这些学者发现项目的复杂性、人的有限理性、合同的不完备性以及项目实施过程中的监督和管理等是造成建设项目实施过程中交易费用增加的主要原因。

（2）交易费用的影响因素

事后交易费用主要是由工程建设过程中承包方不合理的变更和索赔带来的各种形式的费用，包括谈判、仲裁、诉讼费用，沟通、协调费用，以及讨价还价成本等。Cheung等[38]通过分析业主与承包方之间的关系，认为签订合同的合理性、双方的沟通以及解决争端的速度是影响事后交易费用的重要因素。Li等[39]通过文献综述提取了影响建设工程交易费用的因素，包括：业主的角色、承包方的作用、项目的管理效率和交易环境。Haaskjold等[40]在Li等的研究基础上，识别出26个影响交易费用的因素，并通过访谈的形式最终确定了5个最主要的影响因素：沟通质量、不确定性、组织效率、变更顺序和信任。

学者基于不同角度，运用不同研究方法对交易费用的影响因素进行了探讨，为降低交易费用方法的提出奠定基础。

（3）降低交易费用的方法

关于降低交易费用方法的研究主要集中在治理机制的探讨上。Luo等[41]发现严格细致的合同治理机制可以有效降低建设工程的交易费用。Sanderson[42]发现在重大工程项目治理中，项目的不确定性不仅会使承发包双方缺乏信任而增加沟通成本，而且会造成交易费用的增加。为了提高项目绩效，业主可尝试使用激励机制鼓励承包方积极工作，提升项目管理绩效。Watabaji[43]发现合适的合同治理机制（激励机制、惩罚机制等）可以加强合同的执行力，适当增加合同的强制性可以有效防范承包方的机会主义行为。王雪青等[44]通过分析建设工程业主和承包方之间的关系，发现信任、沟通和适当激励可以促进交易合同的顺利实施，这有助于降低项目实施过程中的交易费用。

这些学者的研究均证明，有效的治理机制可以降低项目交易过程中的交易费用，其中最重要的治理手段是合同激励机制。

### 3. 建设工程交易中承包方机会主义行为产生的原因

机会主义行为是一种在经济活动中常见的投机现象[45]。在建设工程交易中，交易主体间的机会主义行为时有发生，严重破坏了建筑行业的诚信发展[46]。统计数据显示，在2010—2020年，我国建筑业企业产值利润率保持在4%左右。在这样的背景下，建设工程交易主体很可能会为了追求超额利润，采取一些机会主义行为。根据委托代理理论，由于信息不对称和利益冲突，承包方具有采取机会主义行为的动机。工程实践表明，承包方的机会主义行为是造成质量安全事故、成本超支、争议纠纷频发等问题的重要根源[4, 47]。建设工程交易中机会主义行为产生的原因得到学者的广泛关注，学者主要从以下三个方面分析建设工程交易中承包方机会主义行为产生的原因。

第一，严重的信息不对称是诱发机会主义行为的主要因素。邓世杰[48]研究发现，业主与承包方之间的利益冲突及信息不对称造成了承包方的代理问题。李良松等[49]探讨了PPP模式下海绵城市建设中的代理问题，认为引起承包方机会主义行为的主要原因包括：项目参与的各方掌握信息、地位的不对称以及监管和激励机制的不完善。Ceric[50]认为委托代理关系带来的信息不对称，是造成逆向选择和道德风险的主要成因。Han等[31]认为，在海绵城市建设中，项目法人与开发商之间的信息约束和利益冲突，会诱使具有机会主义倾向的开发商利用较多的信息采取机会主义行为。

第二，无效监管和不完善的激励机制是诱发承包方机会主义行为的主要原因。陈浩杰[51]提出，业主方监管人员的调动和组织结构变化造成监管部门责任落实不到位，是诱发承包方机会主义行为的主要原因。范琼琼[52]认为，业主与承包方之间的行为决策很大一部分取决于薪酬激励机制的完善程度，不合理的激励制度无法完全抑制承包方的非诚信行为。曹启龙等[53]总结我国近年来PPP项目建设的实践发现，影响PPP项目顺利实施的主要因素包括项目法人的监管、激励政策及惩罚机制。陈勇强等[54]认为，在建设工程实施过程中，承包方需要满足质量、工期等多个建设目标，业主很难对其行为进行监督和管理，目前存在的激励机制很难满足多目标的激励需要。

第三，人的有限理性和建设环境不确定性引发的合同不完备是诱发承包方机会主义行为的主要原因。王志刚和郭雪萌[55]研究发现，较长的运营期限、较多的参与主体、不确定的环境因素以及PPP合同的不完备性，是导致承包方机会主义行为的原因。尹贻林等[56]发现，在建设工程中，由契约不完备所引发的风险分配不合理及承包方的机会主义行为，严重阻碍了工程管理绩效的提升。Zacks[57]提出，合同制定过程中的控制权不对称及信息约束会导致合同不完备，这是诱发合同主体机会主义行为的主要原因。Eisenkopf和Teyssier[58]指出，合同语言的模糊性、人的有限理性及环境的不确定性易引发承包方以道德风险为主的机会主义行为。

综上所述，信息不对称、无效监管、不合理的激励机制以及人的有限理性和建设环境不确定性引发的合同不完备，是造成建设项目承包方机会主义行为的主要原因。

## 4. 建设工程交易中承包方机会主义行为的演化路径

管理学家和经济学家发现，一切行为和管理活动的背后都包含了丰富的博弈关系，以及多个利益主体之间相互作用的关系[59, 60]。建设工程项目目标的实现程度主要取决于业主与承包方两类群体的博弈，博弈论为业主与承包方行为方式的探究提供了基础。众多学者基于演化博弈理论，分析业主和承包方之间的博弈关系，揭示两者之间相互作用的行为规律，探寻抑制承包方机会主义行为的方法，为业主的决策提供有效的分析方法。目前关于建设工程交易中业主与承包方之间行为博弈的研究主要从两个方面展开。

一方面，学者从激励惩罚机制入手，探讨其对业主与承包方之间行为演化路径的影响。郑晓利和杨高升[61]利用博弈理论，分析了承包方机会主义行为的形成路径，发现适当的激励和惩罚对抑制承包方的非诚信行为具有重要作用。吴光东和杨慧琳[19]针对施工阶段承包方的机会主义行为，运用演化博弈模型分析了激励机制对承包方诚信行为的影响。谢秋皓和杨高升[62]分析了动态惩罚机制对承包方机会主义行为的影响，发现提升惩罚程度可以降低承包方机会主义行为的概率。这些学者的研究均证明激励惩罚机制对抑制建设工程承包方的机会主义行为具有积极作用。

另一方面，学者从监管机制出发，探讨监管机制对承包方机会主义行为的影响。李小莉[63]将声誉机制引入PPP项目政府监管部门与私人部门的博弈中，发现引入声誉的监管机制可以有效降低私人部门的投机行为，提高公共服务质量。尹贻林等[10]探讨了短期合作和长期合作两种情境下，公共项目中业主的监管机制对承包方机会主义行为的抑制作用，发现只有融入长期合作的长远利益，才能通过监管的手段达到杜绝承包方机会主义行为的可能。汪玉亭等[64]从政府监管的角度出发，研究了政府监管模式下行为风险传递的演化博弈模型，发现现有的监管制度运行效率不高，并不能有效阻止承包方的投机行为，还需要配合激励惩罚制度等。周亦宁和刘继才[21]基于前景理论，在PPP项目政府与社会资本的博弈中引入上级政府监管机制，发现奖罚系数和上级政府的参与对抑制社会资本的投机行为具有重要意义。这些学者的研究均证明在监管机制中引入激励、惩罚、声誉、长期合作机制能达到事半功倍的效果。

关于建设工程交易的研究，学者从建设工程交易机制入手探讨了合同激励机制在建设工程交易中的重要作用，发现合同激励机制能有效抑制承包方的机会主义行为，并降低交易成本。随后，学者基于建设工程交易中承包方机会主义行为产生的原因，利用演化博弈的方法探讨了激励机制和监管机制对承包方行为的影响，发现将激励惩罚机制等引入业主与承包方之间的博弈，可以在很大程度上提高业主的监管效率。然而，目前关于建筑市场承包方机会主义行为的博弈研究大多是探讨业主与单一承包方两类群体之间的行为演化，没有涉及多个承包方参与的多方博弈分析。建设工程的交易过程，特别是重大建设工程的交易往往涉及多个承包方参与，缺乏对多承包方行为的综合考虑，会造成博弈策略分析不符合实际。

## 1.3.2　建设工程激励相关研究

### 1. 单任务激励

长期以来，学者对建设工程施工阶段的管理进行了全面研究，建设工程中的激励管理已被放在了极其重要的位置上，大量研究从主体的心理和需求出发探究激励的具体方法[65]。早期关于激励方法的研究多是委托人对单一代理人就单一任务进行的单任务激励模型设计。

19世纪后期，经济学家逐渐对激励理论展开研究，经济学强调"经济人"的假设，以利益主体收益最大化为目标，通过严格的经济学模型，设计相应的激励模型。随后，经济学家逐渐将激励模型设计作为研究的核心问题，委托代理理论是将激励模型运用最广泛的理论[66]。

Mirrlees[67-69]关于委托代理基本模型的分析逻辑和框架设计，拉开了学者对单任务激励模型研究的序幕。随后，Holmstrom[70, 71]在Mirrlees研究的基础上，对委托代理的模型进行了进一步深化，提出了经典的HM激励模型。Holmstrom[72]通过"一阶条件法"将代理人的最优努力程度替代为下层目标函数的稳定点，把双层规划简化为单层规划，给出了委托代理模型的基本求解思路，该方法成为研究激励模型的经典方法。随后，学者将经典的激励模型运用到不同领域。

在建设工程管理领域，有关承包方的激励问题一直是项目管理研究的重点和难点，国内外学者有着丰富的研究成果。国内学者杨杰等[73]将激励模型引入对承包方行为的激励中，并在模型研究的基础上，提出加强监管程度和完善市场建设等建议。张宏和史一可[74]根据EPC项目的特点，基于经典激励模型，采用逆向归纳法建立了总承包商在设计、采购和施工三阶段的激励决策模型，并运用粒子群优化算法进行求解。国外学者Rashvand等[75]构建了诱使承包方努力工作的激励模型，并对承包方的建设成本、进度和质量指标进行设计，确定了对承包方全面评价的绩效模型，为业主挑选合适承包方提供方法借鉴。Meng和Gallagher[76]利用工程建设信息大样本数据，基于蒙特卡洛法，仿真总成本控制的概率曲线，根据该曲线划分不同的奖励区间，并对处于不同区间的承包方给予相应奖励或处罚。Chan等[77]设计了基于目标成本的激励机制，以此来协调业主与承包方之间的利益。

随着经济社会的发展和进步，重大工程的建设呈现出前所未有的繁荣景象，随之而来的技术复杂程度和管理难度越来越大，重大工程的建设和管理暴露出越来越多的问题。国内外学者从治理角度出发，对重大工程建设管理绩效的提升展开研究，其中激励机制被认为是最有效的治理手段[78]。薛凤等[79]针对重大工程协同创新不合理的问题，设计了双边道德风险下的重大工程单任务激励模型，对激励系数和代理人的努力水平进行了分析。时茜茜等[80]将声誉的隐性激励引入重大工程建设中，构建了隐性和显性相结合的激励模型，发现声誉的隐性激励因子具有良好效果。邱聿旻和程书萍[81]提出了"激励—监管"重大工程政府治理模式，在监管中引入激励机制来提高政府的监管效率。

这些研究发现，激励制度对抑制建设工程承包方的投机行为，提升承包方的努力程度有积极作用。然而，传统激励模型的研究只考虑了单一代理人单任务激励的情形，模型的适用范围有限，且与现实情况存在一定差距[82]。鉴于传统模型的局限性，学术界和实践界都呼唤着多任务委托代理模型的产生。

### 2. 多任务激励

建设工程具有成本、工期、质量、环境和安全等多任务目标，承包方在交易过程中通常会面临成本、工期、质量、环境和安全等多任务的委托，承包方在工程实施过程中需要满足多任务目标的均衡。因此，业主在制定相应的激励机制时需要对承包方的多任务目标进行激励。

1991年，Holmstrom和Milgrom[83]提出了多任务委托代理模型，假定多任务之间是相互独立的，且代理任务的总成本是各项任务成本的总和。多任务委托代理模型的提出标志着多任务委托代理理论的成熟，其贡献体现在：①首先，激励代理人在各个任务上合理分配资源，实现多个任务的效益最优，有助于委托人收益的最大化；其次，可以帮助代理人获得更多的报酬；②委托人对代理人在某一项任务上的激励提高，会降低在其他任务上的激励程度。如果一项任务的产出难以测量，其他任务的激励应随着这种度量难易程度的增加而降低。该文献成为多任务激励研究的经典。随后，学者在多任务委托代理模型的基础上进行了深入研究，主要从以下几个方面对激励模型进行了改进和修正：

第一，将隐性激励与显性激励相结合。Dewatripont等[84]首次将隐性激励引入委托代理模型中，对多任务委托代理激励模型进行了拓展。研究发现，代理人的最优努力水平与自身能力具有互补关系，其更倾向在资源丰富的任务上付出较大努力。随后，大量国内外学者将声誉、信誉等隐性激励因素引入激励契约中[85]。例如，Feng等[86]发现声誉的隐性激励因素，能有效消除代理人的投机行为，可以对代理人的多任务努力水平产生积极影响。

第二，对线性产出函数进行改进。美国数学家柯布（Cobb）和经济学家保罗·道格拉斯（Douglas）将Cobb—Douglas生产函数引入激励模型中，Cobb—Douglas生产函数是描述投入和产出的函数，该函数反映了不同生产要素之间的关系，在工程实践中被广泛应用。Roels等[87]综合考虑委托和代理双方的机会主义行为，利用生产函数构建了双方的收益函数，探讨了不同激励强度的支付合同对代理人产生的影响。Sha[88]利用Cobb—Douglas的投入产出函数，把承包方的专用知识和一般性生产知识作为投入，求解得到合同的"弱激励区"。

第三，考虑不同任务之间的关系。Jha[89]在研究多任务激励时，探讨了长期任务和短期任务对代理人努力行为的激励。研究发现：当两项任务是替代关系时，可以用短期任务代替长期任务，以降低对长期任务的激励；若两项任务是互补关系，可以通过增加对长期任务的激励来实现系统最优。曹启龙等[53]把PPP项目中投资方的履行合约、提供社会服务和项目盈利任务分为多维独立任务，并根据多个任务间成本函数是否独立、每个任务产出是否可以直接度量，分别设计了激励方案。

在建设工程领域，承包方通常具有多任务产出的特点[90]，业主需要对承包方承担的多任务进行激励，实现资源合理分配，以满足多目标的均衡优化。杨耀红等[91]考虑工程建设的工期、成本与质量三个目标，建立了业主对施工方的多重激励机制。陈勇强等[54]结合建设工程的特点，基于多任务委托代理视角，考虑承包方工期、成本和质量投入情况，构建了业主与承包方多任务委托代理激励模型。李万庆等[92]采用线性加权的形式将工期、质量、成本和安全单属性效用函数进行整合，最终得到了工期、质量、成本和安全四项任务综合均衡的激励模型，发现该激励方式能很好地促进承包方的多任务产出，对抑制其机会主义行为具有重要作用。

重大输水工程的建设需要同时满足质量、工期、成本、环境和安全等多目标，具有多任务产出的特点，且工程建设过程中面临较大的不确定性，使得承包方的委托代理问题更加突出。多任务激励模型的提出为重大输水工程交易中多目标激励模型的设计提供模型参考和重要指导。

### 3. 激励分配中的公平偏好

结合了激励理论和信息经济学的HM激励模型是最基本的激励模型，自私的、理性的代理人是HM激励模型的最基本假设之一。随后，行为科学对"经济人"的假设提出挑战，认为个体并非纯自利的，也会关注自身利益所得、物质分配或行动机是否公平。Samuelson[93]提出有限自利的观点，认为个体在关注自身利益的同时也会注重利益分配的结果，关注分配结果是否公平，这种"公平偏好"心理倾向在经济学的研究中越来越得到重视。

"公平偏好"心理倾向逐渐被纳入经典的契约理论，学者尝试将这种心理倾向引入委托代理理论，设计更加符合实际的激励模型。大量学者尝试从"公平偏好"心理倾向对委托代理的效果入手，探讨了公平偏好对报酬机制的影响[94]。现有引入公平偏好的委托代理模型认为代理人不仅具有追求自身利益最大化的自利偏好，还会关注激励结果的公平性。若代理人对分配结果感到不公平，则内心会产生嫉妒或不满的心理倾向，这种心理会带来一定的负效用；若代理人对分配结果感到公平，则内心会产生自豪或满意的心理倾向，这种心理会带来一定的正效用[95]。公平偏好下的委托代理模型根据代理人的个数，分为单代理委托代理模型和多代理委托代理模型。

Fehr和Schmidt[96]首次将"公平偏好"心理倾向引入博弈模型，提出了经典的FS公平偏好心理模型，标志着基于注重结果公平的公平偏好心理模型的成熟。在FS公平偏好心理模型的基础上，Englmaier和Wambach[97]通过构造一个连续努力模型，探讨"公平偏好"心理倾向对最优报酬契约结构的影响。Itoh[98]假设代理人的同情偏好与嫉妒偏好存在一定的数值关系，对FS公平偏好心理模型进行了改进。Dur和Glazer[99]基于FS公平偏好心理模型，构造了一个离散产出模型，分析了代理人嫉妒或同情心理与其工作努力程度和激励结构的关系。安晓伟等[100]从行为科学的角度出发，考虑了联合体施工总承包的公平偏好心理，构建了基于博弈理论的联合体施工总承包的收益分配模型。魏光兴和曾静[101]将"公平偏好"心理倾向引入多代理人的激励机制中，分析了公平偏好对多代理人激励效果的影响。

上述研究均证明，代理人不仅会关心收入的多少，还会关注激励契约的设计是否公平。根据公平偏好理论，在重大输水工程的交易中，多承包方不仅会关注自身的激励水平，也会关注激励分配结果是否公平。因此，在探讨锦标激励对重大输水工程交易中多承包方行为的影响时，考虑多承包方的"公平偏好"心理倾向是非常必要的。

### 4. 激励成效的测度

激励成效是衡量激励制度有效性的重要方法，它的高低是度量激励管理方式合理性的重要依据。建设工程交易中的激励成效测度是对激励制度在建设工程交易中实施效果的评价，构建一个全面而客观的激励成效测度体系，有利于建设工程激励实施效果的评估及后期改进。

关于激励成效测度的研究，学者从不同的激励目标出发，基于科学的模型，构建了相应的成效测度体系。学者张高成[102]基于成本控制目标，构建了双重成本控制标准下的激励机制及激励成效测度体系。孟凡生和张明明[103]设置"基准"和"样本"双重成本控制评价标准，通过最终成本核算测度了激励成效。李伟伟等[104]根据指标相对发展水平，构建了有序分位加权算子并将该方法应用在了激励成效评价中。权乐[105]运用扎根理论，利用事件研究法，选取中国建筑工业化激励政策典型文本，构建了建筑工业化激励效果的测度模型，对激励政策对中国建筑业发展的效果进行了测度。

建设工程领域激励成效测度的研究主要集中在对宏观激励政策有效性的探讨上。韩青苗等[106]根据我国建筑业节能现状及建筑业节能激励政策的目标，从激励政策公平性、政策可接受性、建筑能源效益最大化、政策协调机制和政策效率五个维度出发，构建了我国建筑经济节能激励政策成效测度的指标体系，并运用属性集和属性测度的方法，建立了激励政策多维度成效测度模型。刘贵文等[107]认为产业激励政策对建筑业的良性发展起了关键作用，通过构建区域建筑业激励政策成效测度指标体系，并运用模糊数学模型对近十年建设业的产业激励政策的实施效果进行评价。李丽红等[108]根据装配式建筑的特点和激励目标，建立了装配式建筑激励措施实施效果评价模型，为激励机制在装配式建筑的实施效果评价提供参考。这些学者从激励目标入手，利用不同方法和不同指标对激励的成效测度方法进行探讨，研究结果对激励政策实施效果的评价具有重要意义。

关于建设工程激励的相关研究，学者从单一代理人单任务委托代理激励模型扩展到多任务委托代理激励模型，又将代理人的"公平偏好"心理倾向引入契约理论，设计了更加符合实际的激励模型。随后，学者还探讨了激励成效的测度方法，为激励政策的评估和改进提供基础。然而，建设工程中多任务委托代理激励模型只考虑了单一代理人的情形，没有综合考虑多代理人平行施工的情形。

### 1.3.3 锦标激励相关研究

#### 1. 锦标激励发展概述

制度经济学认为，薪酬和晋升方面的竞争可以对代理人产生较强的激励作用，同时降低"搭便车"的概率。传统激励理论认为，当监控成本低廉且可信时，管理者可以通过边际贡献来做出晋升和薪酬变动的决策。然而，在实践中，监管成本可能很高且不可信，将边际产出作为决策因素变得不可行，此时，管理者会选择以相对绩效为评判标准的激励决策。1981年，Lazear和Rosen提出通过向竞赛胜利者和失败者支付不同的薪水报酬来实现激励，率先提出了基于相对绩效评估的LR锦标激励模型[25]。

从Lazear和Rosen的开创性研究以来，锦标激励作为一种激励策略被得到广泛研究[109-111]。最初关于锦标激励的研究多集中在探讨锦标激励对代理人努力水平的影响上。Bull等[112]最早就锦标激励模型的有效性进行了研究，通过实验研究的方法证明，锦标激励的薪酬差距可以在一定程度上提高代理人的努力水平。Green和Stokey在Lazear和Rosen研究的基础上，对比分析了锦标激励与线性激励，发现锦标激励的三个明显优势：首先，不需要准确度量边际产出，以相对排序为评判依据进行激励和晋升，降低测量成本；其次，消除多代理人面对的共同不确定因素，确保决策结果的准确性；最后，薪酬差距对落后代理人的激励效果显著，一定程度上降低监管成本[113]。闫威等[114]采用实验研究的方法，对比分析了固定绩效契约和锦标赛两种不同形式的激励合同，证明了锦标激励的有效性。常逢彩和兰燕飞[115]通过建立委托人利益最大化目标的多任务锦标激励模型，考察了任务异质性对代理人努力水平的影响，发现锦标激励差距对同质代理人有激励作用。国内外学者利用不同的方法验证了锦标激励的有效性。

根据锦标激励原理可知，代理人获得的最终报酬奖励只与相对绩效排名有关，为了获得更高的报酬，代理人除了提高自身努力水平，还通过交互行为来赢得比赛[116]。在锦标激励被证明有效之后，学者尝试将多代理人之间的拆台、沟通和互助等交互行为纳入锦标激励的研究中。Gurtler和Munster[117]尝试将拆台行为考虑到锦标激励模型中，探讨了在代理人能力信息是已知的、不存在"棘轮效应"情境下的动态锦标激励模型。他们发现，拆台行为会在一定程度上降低代理人的努力程度。黄宝婷和董志强[118]研究发现，在具有拆台行为的锦标激励中，需要更大薪酬差距来提升多代理人的努力。随后，闫威等[119]通过实验研究的方法对80名被试者进行真实实验，发现团队良好的沟通可以增加锦标激励的实施效果。Danilov等[120]研究了互助倾向对锦标激励效果的影响，结果表明团队成员的互助行为会随着相对回报的增加而减少，随着整个团队的产出比例的增加而增加。

随着行为经济学的快速发展，传统自利偏好以外的互惠、公平、骄傲、嫉妒等心理偏好被证明广泛存在[26]。随后，学者开始关注心理偏好对锦标激励效果和激励决策的影响，心理偏好包括含义宽泛的涉他偏好（也称亲社会行为）和含义具体的公平偏好两种。在涉他偏好方面，Matthias[121]较早将涉他偏好考虑到锦标竞赛中，分析了代理人涉他偏好对代理人行为的影响。魏光兴和蒲勇健[122]发现涉他偏好会对锦标激励的激励效果和个体努力程度产生影响。Pradeep等[123]对比分析了行为人嫉妒和自豪偏好对锦标激励结果的影响，发现自豪偏好更能激励代理人努力工作。李绍芳等[124]在锦标激励中引入了涉他偏好，建立了包括自豪和嫉妒等心理偏好在内的效用模型，更有效地分析了锦标激励对代理人行为的影响。

在公平偏好方面，Christian和Dirk[125]较早将"公平偏好"心理倾向引入锦标激励中，认为对具有"公平偏好"心理倾向的代理人应该增大锦标激励差距。Magnus和Martin[126]发现基于公平偏好的互惠行为会促使代理人增加努力水平。与Magnus和Martin的研究结果相似，魏光兴和蒲勇健[127]也发现，"公平偏好"心理倾向能给代理人带来更高的收益，激励代理人付出更多的努力。黄邦根等[128]分析了"公平偏好"心理倾向在高管锦标竞赛中的作用，发现"公平偏好"心理倾向与企业绩效呈负相关关系。李训和曹国华[129]分析了完全和不完全竞争市场中，个体公平偏好倾向对锦标激励效率和锦标激励结构的影响。刘新民等[130]针对委托代理关系中多代理人的道德风险倾向，设计了基于公平偏好的三阶段锦标激励模型，发现代理人在第一阶段的努力水平高于第三阶段。

锦标激励自提出以来，便作为一种激励策略得到广泛研究，学者从行为人的交互行为和心理偏好等不同方面探讨了锦标激励的作用和价值。上述学者的研究结果证明：锦标激励的动力来自于代理人力图在竞赛中获得靠前的排名以及不同的心理倾向。当监管成本较高且不可信时，锦标激励的薪酬差距会给代理人带来源源不断的动力，起到对多代理人的激励，且不同心理倾向和互助行为会对锦标激励效果产生不同影响。

### 2. 锦标激励的应用

四十几年来，锦标激励作为一种高效的激励策略，得到广泛应用，尤其在契约设计方面成为有效的工具[131]。早期关于锦标激励的研究出现于企业高管人员薪酬激励中，学者通过设置不同工资报酬等级对公司CEO进行激励，从不同角度解释了锦标激励在企业管理中的作用。首先，锦标激励的等级薪酬差距和晋升制度可以促使高管人员的努力工作行为[132]。Esley等[133]发现锦标激励的薪酬差距是激励高管不断努力的主要动力。Michael[134]发现锦标激励的竞争机制作用可以大大激发管理人员的努力行为。其次，锦标激励可以在一定程度上克服企业外部不确定因素带来的干扰[135]。赵骅等[136]发现在企业管理中制定合理的锦标激励制度是很有必要的，可以排除外部环境的干扰，确保激励决策的准确性。Kräkel[137]发现当企业面临较大外部环境扰动时，锦标激励的相对绩效决策制度可以降低多代理人共同面对环境扰动的影响，降低委托人的道德风险。最后，锦标激励模型可以促使企业高管付出较大的产出绩效[138]。胡秀群[139]认为必须给予相对高的奖励诱使代理人付出努力，较大的薪酬差距可以促使竞争中产生较大的努力水平，由此带来较大的产出绩效。梅春等[140]发现当较多CEO候选人参与锦标竞争时，锦标激励的差距对候选人的努力水平和企业的绩效产出具有较大提升作用。

随着锦标激励模型的不断完善，锦标激励决策逐渐被应用于多个领域，其不仅在企业管理中发挥重要作用，在高校人才竞争中也有广泛应用[141, 142]。在知识推动发展的今天，学术创新与高校人才竞争逐渐引起了学者们的重视。刘海洋等[143]最早将锦标激励引入学术领域，建立了两阶段职称竞争模型，探讨锦标激励在高校人才竞争中的优缺点。李光和徐干城[144]认为锦标激励是高校学术治理的新趋势，分析了锦标赛视角下的高校人才激励计划。陈先哲[142]对中国学术产量长期保持高质量增加的动力进行了探讨，用锦标激励对这一现象进行了解释。因此，在高校人才竞争及学术创新上，通过开展合理的锦标激励，可以不断激发学者的创新能力。

此外，锦标激励在中国地方官员的晋升中也得到了广泛应用[145, 146]。改革开放以来，中国各省区经济得到快速发展，多数学者认为以官员晋升为目的的锦标激励起了关键作用[147]。

其中最具代表的研究之一是，周黎安[148]将锦标晋升机制作为行政治理模式应用于下级政府的官员晋升中。此外，朱浩等[149]研究发现，由于东西部地区的资源禀赋和市场机会等方面的差异，导致了东西部地区地方政府的锦标竞争效果存在"东强西弱"的现象。Cai和Treisman[150]从地方官员锦标晋升的角度，分析了社会经济发展与政府治理体系的联系。具有正向激励的政治锦标激励机制，已成为我国经济发展不同于其他发展中国家的原因，也是中国改革的最大特色之一。

锦标激励在众多领域发挥着重要作用，不同领域的学者从锦标激励的有效性、薪酬差额对多代理人行为的影响以及锦标激励对绩效提升的效果等方面展开研究。这些研究均证明，锦标激励能对多代理人的行为产生激励。

### 3. 锦标激励模型的设计

随着锦标激励应用领域的不断扩展，如何设计一个适合奖金制度的锦标激励模型一直备受学者的关注。学者关于锦标激励模型的研究主要集中在激励结构、规模和存在形式上[151]。锦标激励结构是指在锦标竞争中，对获胜代理人进行奖励的比例[152]。目前，已有的关于锦标激励结构对代理人行为影响的结论并不一致，学者的观点分为两种。

一种观点认为，代理人的努力水平与代理人获胜的比例呈正相关关系。Harbring和Irlenbusch[153]研究了不同结构的锦标激励对代理人努力水平的影响，结果发现，对比1/2和2/3两种锦标激励的结构，2/3的获奖比例更能激发代理人产生最佳的努力水平。Knyazev[154]设计了逐级淘汰的多阶段锦标激励最优奖金结构，研究发现竞赛获胜比例的增加会诱使代理人付出更多的努力水平。Keeffe等[155]分析了锦标激励结构与代理人努力水平的关系，发现较大获胜比例的锦标竞赛对代理人的行为具有更强的激励作用，代理人的努力水平与获胜比例呈正相关关系。这些学者均认为若要达到理想的激励效果，应该在一定程度上增加受奖励的比例。

而另一种观点认为，代理人的努力水平与代理人获胜的比例呈负相关关系。闫威等[156]利用真实努力实验的方法探讨了代理人行为与锦标激励获胜比例的关系，实验结果表明，与锦标激励结构为2/3的锦标激励相比，在1/3的锦标激励中，个体更愿意付出努力参与竞争，且个体之间的拆台行为明显降低。Orrison等[157]对比分析了不同获胜比例和规模的系列锦标赛的激励效果，发现较小获胜比例的锦标赛对代理人的行为具有更强的激励作用，获胜比例的降低会诱使代理人付出更多的努力。与持有第一种观点的学者的研究结果相反，这些学者的研究表明较少的获胜比例更能实现系统激励效果的最优。

关于锦标激励模型的设计，学者还从锦标激励的规模和形式进行了探讨。锦标激励的规模是指参与到锦标竞争中的人数或团队的个数[158]。Casas Arce和Martinez Jerez[159]利用实证研究方法，分析动态锦标激励对生产绩效的影响，发现竞赛规模的扩大会引起被试者努力程度的减小。Harbring和Irlenbusch[160]认为锦标激励的目的应该是鼓励代理人更好地进行生产活动，他们分析了不同规模锦标竞赛对代理人合谋行为的影响，模型显示代理人的生产活动和合谋行为不受锦标激励规模的影响。

锦标激励的存在形式是指锦标激励的执行方式。锦标激励从奖金差额的存在形式上可分为"U"形锦标激励和"J"形锦标激励；从激励是否分阶段又可分为静态锦标激励和动态锦标激励。张茜[161]对比分析了完全竞争条件下的"U"形锦标激励和"J"形锦标激励的优劣，发现采取何种形式的锦标激励主要取决于代理人的风险偏好程度。Eriksson等[162]利用真实努力实验的研究方法，对动态锦标激励的实施效果进行了探讨，发现动态锦标激励中的信息反馈没有改变代理人的产出绩效，且排名靠后的代理人也没有因为信息反馈而放弃竞赛。闫威等[163]利用真实努力实验的方法，探讨了动态锦标激励环境下薪酬水平、拆台成本、信息公开和竞赛规则对代理人努力行为的影响。

锦标激励自提出以来便得到了学者的广泛关注，不同领域的学者从不同角度分析和验证了锦标激励的有效性，研究结果证明，锦标激励在提升多代理人努力水平，促进绩效提升上有积极作用。随后，学者从锦标激励的结构、规模和奖金形式上对锦标激励模型进行设计，以扩展锦标激励的应用范畴，研究结果对本研究的开展具有重要意义。然而，上述关于锦标激励的研究大部分是基于奖金差额固定的"U"形锦标激励，而关于"J"形锦标激励的探讨还停留在其适用范围上，较少出现"J"形锦标激励模型的设计与分析。

## 1.3.4 研究现状评述

国内外学者基于不同的视角和方法对建设工程交易、建设工程激励和锦标激励展开有益探索。从研究结果可以看出，激励机制作为交易治理的重要内容，在降低交易费用、防范工程交易中承包方的机会主义行为和增加承包方施工努力程度等方面具有重要作用。作为揭示行为规律的研究方法，演化博弈模型为探寻抑制承包方机会主义行为提供有效的分析工具。锦标激励的相关研究发现，基于相对绩效的锦标激励对提升多代理人努力水平和促进绩效提升有积极作用。相关研究为本书提供了重要指导和参考。但是鉴于重大输水工程交易中存在的问题，从研究成果看，现有研究尚存在一定的不足之处：

首先，针对多承包方平行施工行为的激励机制有待完善。通过文献梳理可以看出，激励机制对抑制代理人机会主义行为，增加代理人努力程度有积极作用。然而，建设工程领域关于承包方激励的研究大多是业主针对单一承包方的线性激励，将多承包方看作是独立的关系，缺乏对多承包方施工行为的协同管理。在重大输水工程的交易中，多承包方平行施工，现有的线性激励机制从绝对绩效出发对单一承包方的施工任务进行激励，缺乏对多承包方之间施工行为的横向比较和协同管理，且激励效果易受不确定性因素影响，造成激励机制实际应用的偏差和失灵。因此，急需对现有激励机制进行优化，以更适应多承包方平行施工的重大输水工程交易。

其次，鲜有针对平行施工情境下多承包方的激励博弈分析。通过文献梳理可以看出，演化博弈的分析方法可以很好地处理业主与承包方之间的利益关系，有助于业主寻求最佳的决策策略。目前，关于防范多承包方机会主义行为的博弈分析，大多通过制定不同的激励惩罚机制，探讨业主与单一承包方的占优策略，较少出现业主与多承包方的激励博弈分析。重大输水工程交易过程中通常涉及多承包方平行施工，业主与单一承包方的激励博弈分析策略不适用于重大输水工程交易中业主对多承包方的激励决策。锦标激励能很好地解决多承包方协同激励的问题，因此，急需厘清锦标激励下重大输水工程交易中业主和多承包方的行为演化方式和影响因素，找到系统的最优策略组合，为重大输水工程交易中的激励决策提供新的思路。

再次，针对重大输水工程交易中多目标的锦标激励模型有待进一步研究。通过文献梳理可以看出，锦标激励不仅可以在某种程度上抑制多代理人的机会主义行为，还可以促进多代理人努力程度的提高，对多代理人的行为激励具有积极作用。目前，关于锦标激励机制的研究大多集中于公司治理、企业管理和政治晋升等领域，很少出现关于工程建设管理方面的文献，特别是针对重大输水工程交易中多承包方参与的锦标激励机制的研究。此外，目前关于锦标激励制度的设置大多是基于固定奖金差额的"U"形锦标激励模型，鲜有针对多代理人而设置的"J"形锦标激励模型，无法判别锦标激励制度的激励相容性，难以确定锦标激励的激励相容约束效应和参与约束效应的大小，造成实际应用的困难。因此，急需设计重大输水工程交易的多目标"J"形锦标激励模型，以完善锦标激励在重大输水工程交易中的应用。

最后，鲜有针对锦标激励而设置的成效测度体系。目前，关于锦标激励机制的研究，仅停留在激励模型的设计阶段，缺乏针对锦标激励实施后的成效测度体系，这造成锦标激励实施效果后评价的困难。对锦标激励实施后多承包方建设的测度，不仅可以对锦标激励制度的有效性做出合理评价，还可以将锦标激励实施后的效果和存在的问题及时反馈给业主和承包方，利于锦标激励制度的改进和完善。因此，有必要对重大输水工程交易中锦标激励的成效测度体系进行探讨，为锦标激励的成效测度提供方法基础。

基于以上现状，迫切需要构建更加符合实际的重大输水工程交易的锦标激励机制，分析锦标激励下重大输水工程交易中业主与多承包方行为的演化方式和影响因素、设计重大输水工程交易中的锦标激励方案并构建锦标激励成效测度体系，为重大输水工程交易中的激励决策寻找新的思路与视角，以实现重大输水工程交易中管理方式的创新。

## 1.4　主要研究内容及方法

### 1.4.1　主要研究内容及章节安排

本书以重大输水工程为研究对象，针对多承包方平行施工的建设情境，设计重大输水工程交易中的锦标激励机制。研究内容主要包括：锦标激励下业主和多承包方的行为演化规律及系统共赢稳定策略的分析；基于公平偏好的重大输水工程交易的锦标激励模型构建，锦标激励结构设计，确定锦标激励薪酬分配方案；从锦标激励的目标出发，构建重大输水工程交易的锦标激励成效测度体系。具体而言：

（1）锦标激励下重大输水工程交易中业主和多承包方行为的演化博弈分析。

首先，对重大输水工程交易中锦标激励的作用机理进行分析，并讨论锦标激励条件下重大输水工程交易中博弈主体的行为策略；其次，基于演化博弈理论，构建锦标激励下重大输水工程交易中业主和多承包方的演化博弈模型，探讨博弈主体的行为选择和系统的最优策略组合；最后，利用演化仿真的方法，分析业主与多承包方的行为演化规律和影响因素，作为制定锦标激励方案的基础。

（2）重大输水工程交易中多目标锦标激励方案设计。

首先，确定重大输水工程交易中实施锦标激励的具体目标和原则，分析锦标激励的作用机理；其次，根据影响承包方行为的关键因素，构建基于公平偏好的重大输水工程交易中多目标的"J"形锦标激励模型，分析锦标激励差距和公平偏好程度对多承包方努力行为的影响，并根据承包方的排名和公平偏好程度设计激励系数；最后，利用实验研究的方法对锦标激励结构进行设计。

（3）重大输水工程交易中锦标激励成效测度模型构建。

首先，对重大输水工程交易中锦标激励成效测度的内涵和特征进行分析；其次，根据重大输水工程交易中实施锦标激励的目标和指标体系构建原则，基于PSR模型，构建能够表征锦标激励成效测度特点的指标体系；最后，利用理想解和灰色关联度的决策方法，建立重大输水工程交易中锦标激励的成效测度模型，以期对锦标激励的实施效果做出科学判断。

重大输水工程交易中锦标激励机制研究的主要内容及逻辑关系如图1.1所示。

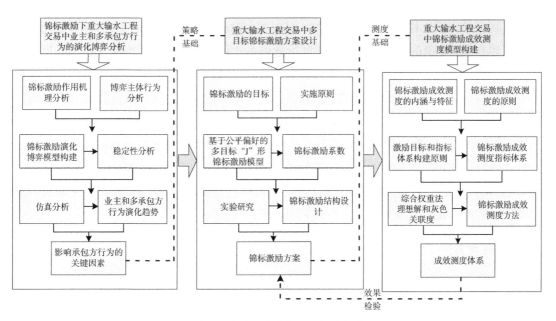

图1.1 主要研究内容及逻辑关系图

围绕主要研究内容，本书由七个章节组成，各章节研究内容安排如下：

第1章：绪论。首先，论述选题的研究背景，提出研究问题，进而说明研究目标和意义；其次，通过对国内外相关研究的梳理，对问题的研究现状进行深入剖析和文献评述；最后，基于文献评述，展示主要研究内容、方法及创新点。

第2章：相关概念界定与理论基础分析。首先，诠释重大输水工程、重大输水工程交易和锦标激励机制的内涵；其次，对重大输水工程交易中锦标激励机制研究的理论基础进行分析，包括委托代理理论、激励理论、锦标赛理论、社会比较理论、公平偏好理论和SSP理论等；最后，对重大输水工程交易中实施锦标激励机制的需求进行分析。

第3章：重大输水工程交易中实施锦标激励的演化博弈分析。基于演化博弈理论，分析实施锦标激励下重大输水工程交易中业主与多承包方的行为演化规律和系统稳定策略。首先，介绍重大输水工程交易中锦标激励的作用机理；其次，对锦标激励条件下重大输水工程交易中博弈主体的行为策略进行分析；最后，构建重大输水工程交易中实施锦标激励的演化博弈模型，分析主体行为的演化规律和影响因素，给出策略启示，为后续锦标激励方案的设计奠定基础。

第4章：重大输水工程交易中多目标锦标激励方案设计。基于重大输水工程交易中实施锦标激励的演化博弈分析结果，构建重大输水工程交易中的多目标锦标激励方案。首先，介绍重大输水工程交易中锦标激励的目标和实施原则；其次，构建基于公平偏好的重大输水工程交易中的多目标"J"形锦标激励模型，设计针对不同排名承包方的锦标激励系数；最后，利用实验研究的方法，对锦标激励的结构进行设计。

第5章：重大输水工程交易中锦标激励成效测度体系构建。针对锦标激励的目标，建立重大输水工程交易中锦标激励的成效测度模型。首先，介绍重大输水工程交易中锦标激励成效测度的内涵、特征和原则；其次，根据重大输水工程的激励目标和指标体系的构建原则，建立基于PSR的锦标激励成效测度指标体系；最后，结合理想解和灰色关联度的决策方法，建立能够对锦标激励成效进行合理评价的成效测度模型。

第6章：案例分析——以GD省ZSJ水资源配置工程为例。以ZSJ水资源配置工程为例进行锦标激励方案设计。首先，交代ZSJ水资源配置工程的背景、特点和作用；其次，介绍ZSJ水资源配置工程的基本建设情况，并根据该工程的特点对锦标激励的实施方案进行设计；最后，使用仿真的方法，分析锦标激励对多承包方施工行为的影响。

第7章：结论与展望。总结全书的研究内容和结论，根据研究结论提出相关建议。指出本书存在的不足，对未来的研究方向和内容做出展望。

## 1.4.2　研究方法

本研究以委托代理理论、激励理论、锦标赛理论和公平偏好理论等为基础，在研究过程中，主要采用了文献研究与调研分析结合法、演化博弈及仿真、锦标激励数学模型法、实验研究法、多属性决策法和案例分析法等多种研究方法，具体的研究方法介绍如下：

（1）文献研究与调研分析结合法。通过搜集、整理和分析重大输水工程建设和管理的相关文献，并采用调研和访谈等科学方式，了解目前重大输水工程交易中存在的问题，从而客观、全面地了解和掌握有待研究的问题。同时，通过阅读重大水利工程和重大输水工程的建设管理、工程管理、激励机制、锦标激励等相关文献，深入认识和了解相关研究的进展、研究方法和研究思路。在此基础上，提出所要研究的问题，并将文献阅读中涉及的理论和方法应用到本书中，为重大输水工程交易中锦标激励机制研究工作的开展提供有效依据。

（2）演化博弈及仿真。利用演化博弈的方法探讨实施锦标激励下业主和多承包方的行为策略选择和系统稳定均衡点。本书以演化博弈理论为基础，构建实施锦标激励情境下业主与多承包方的演化博弈模型，分析业主和承包方两类群体行为的演化方式和系统最优策略组合。并利用仿真技术，对业主和多承包方的行为演化路径进行系统模拟，更直观地观测两类主体的行为演化方式，获得整个系统的共赢策略。

（3）锦标激励数学模型法。在管理学中的委托代理理论、激励理论、公平偏好理论和锦标赛理论的指导下，针对重大输水工程交易中多承包方参与的特点，设计基于公平偏好的重大输水工程交易中多承包方的锦标激励模型，对多承包方锦标激励的目标函数和约束条件进行分析，并进行求解。

（4）实验研究法。实验研究能够排除其他因素的干扰，针对性地进行实验设计，并可以直观地对实验结果进行统计和分析。本书利用实验研究法，通过引入真实努力实验，对重大输水工程交易中锦标激励的结构进行设计和结果分析。

（5）多属性决策法。根据重大输水工程交易中锦标激励成效测度的多属性特点，基于PSR多属性指标构建模型，构建锦标激励成效测度指标体系；并基于理想解和灰色关联度的决策方法，构建重大输水工程交易中锦标激励成效测度的动态决策模型，获得重大输水工程交易的锦标激励成效测度体系。

（6）案例分析法。以ZSJ水资源配置工程为例进行锦标激励方案设计。介绍ZSJ水资源配置工程的概况和工程建设基本情况，并根据该工程的实际特点对锦标激励的实施方案进行设计。

## 1.4.3　技术路线

本书针对重大输水工程交易中存在的问题，对重大输水工程交易中的锦标激励机制进行探讨。首先，在界定相关概念和相关理论的基础上，分析重大输水工程交易中实施锦标激励的必要性、可行性和进步性，并基于演化博弈理论，探究锦标激励条件下重大输水工程交易中业主和多承包方的行为演化规律及行为影响因素，分析整个系统共赢的策略选择，提出相应的动态调整措施；其次，构建基于公平偏好的重大输水工程交易中多目标"J"形锦标激励模型，设计锦标激励结构，形成重大输水工程交易中的锦标激励薪酬分配方案；再次，构建基于PSR的重大输水工程交易中锦标激励成效测度的指标体系，建立基于理想解和灰色关联度的重大输水工程交易中锦标激励的成效测度方法，获得重大输水工程交易的锦标激励成效测度体系；最后，以GD省ZSJ水资源配置工程为例进行案例研究。本书研究的技术路线如图1.2所示。

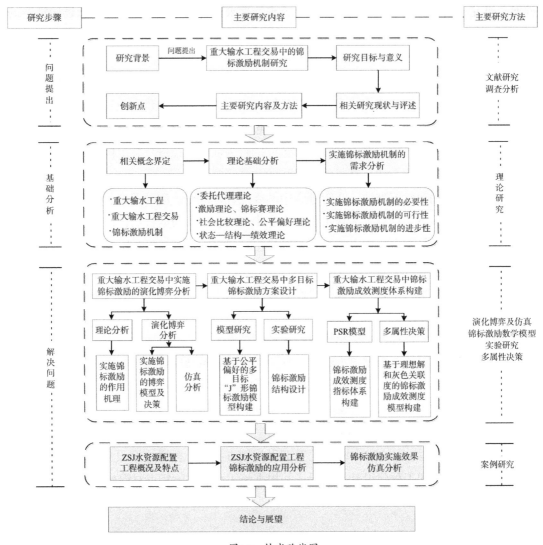

图1.2 技术路线图

## 1.5 创新点

在总结和借鉴前人研究的基础上，基于重大输水工程交易的特点，构建重大输水工程交易中实施锦标激励的演化博弈模型，分析多承包方平行施工努力行为的演化路径和影响因素；在此基础上，构建基于公平偏好的重大输水工程交易的多目标锦标激励模型，设计锦标激励结构，形成重大输水工程交易中的锦标激励方案；最后，从锦标激励的目标出发，构建重大输水工程交易锦标激励的成效测度体系，为重大输水工程建设管理的合理决策提供科学的理论依据。本书的创新之处主要体现在以下几个方面：

（1）构建了融入锦标激励的重大输水工程交易中业主与多承包方的演化博弈模型，为重大输水工程交易中的激励决策提供新的思路。针对线性激励无法实现多承包方协同管理的不足，应用演化博弈理论，构建重大输水工程交易中实施锦标激励的演化博弈模型，揭示实施锦标激励情境下业主与多承包方行为的演化规律和影响因素，为业主制定相应的锦标激励方案提供策略基础，是对锦标激励应用范畴的进一步拓展，在研究思路上具有一定创新性。

（2）设计了基于公平偏好的重大输水工程交易中多目标的锦标激励模型，优化重大输水工程交易中的激励制度。针对"U"形锦标激励无法判别锦标激励制度激励相容性的缺陷，基于国内外相关研究，提出基于公平偏好的重大输水工程交易中多目标"J"形锦标激励模型，建立了与多承包方公平偏好程度和排名相关的锦标激励系数计算模型，能够更加准确和科学地量化不同排名承包方的激励程度，是对现有锦标激励模型的进一步完善，在模型设计上具有一定创新。

（3）完善了重大输水工程交易中锦标激励的成效测度体系，解决成效测度在锦标激励机制中应用不足的问题。在测度指标选择上，基于PSR模型构建了能够具体表征重大输水工程交易中多目标激励的指标体系，能更真实地反映锦标激励过程与结果相结合的特点；在测度方法选择上，利用理想解和灰色关联度模型，建立了锦标激励成效的动态测度模型，能准确反映重大输水工程交易中每个承包方建设成效的态势和位置变化，丰富了锦标激励的成效测度方法。本书构建的锦标激励成效测度体系具有一定创新性。

# 第 2 章

# 相关概念界定与
# 理论基础分析

锦标激励作为解决重大输水工程交易中多承包方代理问题的重要手段，对提高重大输水工程的建设管理绩效有积极意义。本章在重大输水工程、重大输水工程交易和锦标激励与锦标激励机制相关概念界定的基础上，简要归纳和分析了本书采用的理论基础，包括：委托代理理论、激励理论、锦标赛理论和公平偏好理论等，并对重大输水工程交易中实施锦标激励机制的必要性、可行性和进步性进行分析，为后续相关研究的开展做好准备工作。

## 2.1 概念界定

### 2.1.1 重大输水工程内涵及其特征

#### 1. 重大输水工程的内涵

界定重大输水工程的内涵，可先从重大工程的内涵入手。重大工程，即重大工程项目或重大建设项目，到目前还没有统一的定义，许多学者尝试对重大工程的定义进行概括。国外具有代表性的主要有Capka、Sanderson、Flyvbjerg等学者的界定，国内曾晖、成虎、盛昭瀚等对重大工程的定义被认可度较高，这些代表性的重大工程的定义如表2.1所示。

国内外学者对重大工程的定义　　　　　　　　　　　　　表2.1

| 年份 | 学者 | 重大工程的定义 |
|---|---|---|
| 2006 | Capka[164] | 总投资超过10亿美元，并对所在区域政治、经济和生态环境有深刻影响和能引起公众广泛关注的工程 |
| 2012 | Sanderson[42] | 投资超过10亿美元的交通、能源、通信等基础设施工程 |
| 2014 | Flyvbjerg[165] | 投资超过10亿美元，影响人口达数百万的工程，包括水利水电重大工程、交通运输重大工程、工业重大工程等 |
| 2014 | 曾晖和成虎[166] | 由政府主导的投资规模大、在国民经济和社会发展中具有重大影响的大型工程，其范围包括交通、水利、城市建设等大型基础设施建设工程 |
| 2018 | Sheng[167] | 规模巨大、环境复杂、建设周期长、技术先进，主要为社会、民生、环境提供长久性基础构筑物的工程 |
| 2020 | 盛昭瀚等[168] | 由国家作为投资与决策主体、工程规模巨大、工程自然环境复杂、工程生命周期长、参与主体多、对区域社会经济环境有重要影响的工程 |

重大输水工程是重大工程中的一种，基于上述学者对重大工程的定义，本书将投资总额超过70亿元，对当地生态、经济和政治产生深远影响，涉及多个利益相关方，建设时间

延续数年的引水、调水和水资源配置工程统称为重大输水工程项目或重大输水建设项目，即重大输水工程。

### 2. 重大输水工程的特征

当前，随着我国社会经济的发展和人民生活水平的日益提高，北方缺水型大城市水资源短缺的矛盾日益突出，据不完全统计，全国300多个城市存在不同程度缺水，华北、东北、西北各省会城市及沿海重点城市普遍缺水。因此，跨流域大流量重大输水工程建设势在必行。重大输水工程项目一般以政府公共财政投资为主，为解决城镇和工业用水短缺而建设的水利工程项目，具有公益性、基础性和战略性。政府投资项目按照项目特点和项目功能可划分为纯公益性政府投资项目、准公益性政府投资项目和纯经营性政府投资项目三类。与此对应的水利工程也可以划分为纯公益性水利工程、准公益性水利工程和纯经营性水利工程，重大输水工程大部分是准公益性水利工程。

重大输水工程一般是为了解决地方性缺水而建设，为涉水活动的工作成果。重大输水工程属于重大水利工程，并以建设项目的形式开展各项工作。重大输水工程除了具备建设项目的特点外，还具有独有的特征，与普通建设工程相比，重大输水工程大多具有线状分布、工程规模大、项目距离远、建设周期长、涉及承包方多、建设范围广等典型特征[16]。由于重大输水工程具有距离长和线性分布的特点，通常会根据工程特点将其在空间上进行分区或分块发包，且每个分包工程的建设任务基本相同，多个分包工程需要多个承包方团队并行施工。重大输水工程还具有以下独有的特征：

（1）工程建设规模大，投资多，建设周期长。工程项目的建设规模一般可以项目投资额、建设周期等指标来衡量，重大输水工程项目一般都较为庞大，通常跨省或市建设，投资额超过70亿元，工程建设周期长，要经历数十年才能完成。

（2）对经济和社会发展影响范围大。重大输水工程大多是为解决区域生活和工业缺水问题而建设，具有保障城市或区域防洪、供水、航运、生产等领域安全的特点。重大输水工程的实施对省（市）域，甚至跨省（市）区域的政治、经济、社会和生态环境有重要影响。例如，引江济淮重大输水工程，跨安徽和河南两省淮河两岸，对保障城市供水安全、城乡灌溉补水、航运和淮河水生态环境有重要影响。

（3）工程呈线状分布。重大输水工程通常是为了解决区域水资源短缺、满足应急供水，将水资源从充沛的地区引向水资源匮乏的地区，满足水资源优化配置需求而建设的，其在空间上通常呈线状分布。例如，南水北调中线工程从南向北引水，呈线状分布，全长约1432千米，流经包括河南省、河北省、北京市和天津市在内的四个地区[169]。

（4）工程复杂、影响因素多、不确定性大。在技术层面上，与一般水利工程相比，重大输水工程存在更大的优化空间，而考虑工程技术层面的优化后，经常会产生更多的复杂工程技术，包括复杂的工程结构、复杂的建设条件等，并受到众多技术方面不确定因素的影响。此外，重大输水工程有多任务产出的特点，需要同时实现工期、安全和质量等多任务目标，实施周期长，易受政策、水文条件及周边环境的影响，面临着更大的任务、环境和组织的不确定性。

（5）工程实施参与主体多。重大输水工程的发起人和主导者通常是政府，除此之外，还有水利部、国家发展改革委、财政部等相关部门的参与。在工程实施过程中，设计方、参建承包方、监理等单位广泛参与。其中，业主为发挥投资效益，通常根据重大输水工程建设距离长和线状分布的特点，将其在空间上分成若干段进行分区或分块发包，涉及多个参建承包方。

### 2.1.2　重大输水工程交易

建设工程交易是以建设工程为买卖客体的交易，指交易客体为工程设计、工程咨询管理服务、工程施工等的交易。建设工程实施的过程可以看作是交易的过程，具体而言，是"边生产、边交易"的过程。根据建设工程交易的内涵，重大输水工程交易主要指交易客体为重大输水工程的交易，本书涉及的重大输水工程的交易对象为招标合同签订后，业主与多承包方就重大输水工程实体或工程施工的交易。重大输水工程作为大宗交易的特殊商品，其交易方式不同于一般商品。重大输水工程的交易具有以下特殊性：

（1）重大输水工程实施过程同为交易过程，交易与生产相交织。重大输水工程通常兼具引水、防洪、灌溉、航运及发电等多种功能。在建设中涉及建筑、机电、生态、通信等诸多领域，具有结构复杂、技术工艺高及交叉作业多等特点，一个重大输水工程从基础部位到上部结构，从引水工程到安装工程，由数以百计的施工过程组成，基础工程完成施工后会被后续工程覆盖。往往在基础工程或分部工程完工后，业主就已完工的工程进行检查、计量和验收，验收合格后，就该分部工程支付部分款项，这个过程就是交易的过程。在分部工程支付完成后，后续工程继续进行，重大输水工程交易与生产的过程相交织。

（2）重大输水工程实施过程中业主与多个承包方同时交易。重大输水工程在空间上常是分区块或分段进行发包，业主与多个承包方同时交易。重大输水工程在空间上通常呈线状分布，工程子项目多，而子项目在结构上差异不大，或各子项目落在不同行政区划。业主通常根据重大输水工程距离长和线状分布的特点，将其在空间上进行分区或分块发包，且每个分包工程的建设任务基本相同，多个分包工程由多个承包方团队并行进行施工作业，业主与这些并行的承包方同时进行交易。

（3）重大输水工程交易过程中面临的不确定性大。首先，重大输水工程空间结构大，通常处于偏僻的野外，工程建设环境复杂，地质条件难以预测[170]，对一些不利的地质条件难以回避，这会引起交易过程工程量上的不确定性；其次，重大输水工程建设周期长，交易过程易受天气、水文、当地政策、建设市场、工程所处位置周边人类活动及人的有限理性的影响，这会引起工程交易价格的不确定性；最后，重大输水工程技术的复杂、合同和认知的有限性，会造成多方面的不确定。综上所述，与一般建设工程的交易过程相比，重大输水工程交易过程中的影响因素更多，其交易面临的不确定性更大。

（4）重大输水工程交易合同额高，且交易过程难以监管。在重大输水工程交易中，一宗交易合同价格可能就达到数亿元，甚至几十亿元，相当于兴建一个中小型水利工程的投资额，但凡在交易过程中业主与承包方之间发生利益冲突，便会造成严重的后果。此外，在重大输水工程交易中涉及众多承包方团队同时施工，其庞大的建设规模和众多的参建单位给业主的监管带来巨大挑战。

### 2.1.3 锦标激励与锦标激励机制

#### 1. 锦标激励

锦标赛激励（Tournament Incentives）又叫锦标激励，是按照产出排序从代理人中选出一定数量或者比例的获胜者按照不同等级给予奖金或晋升的激励方式[127]。通过对锦标竞赛获胜者和失败者支付不同的报酬来实现激励，事前确定奖励的程度和获奖比例，事后根据代理人的排名给予相对应的奖励。锦标激励是经济学中委托代理激励理论的发展和应用[129]，是基于相对绩效锦标赛理论应用的具体方式。基于相对绩效评估的锦标激励使得代理人的报酬不仅取决于自身的绩效水平，还取决于与其他代理人绩效水平的比较。锦标激励与传统激励的区别在于，其是根据组织中个人或团队的排名顺序给予晋升或奖金的激励制度[155]。排名较高的个人或团队获得较高的报酬；排名较低的个人或团队获得较低的报酬，排名较高与排名较低代理人之间的工资差距反映了锦标激励的激励强度[116]。

首位晋升制和末位淘汰制是常用的两种锦标激励方式[171]。其中，首位晋升制是通过评优、评先，对排名靠前的代理人进行奖励或晋升的制度。末位淘汰制是对在评优、评先中排名靠后或不合格的代理人进行惩罚或降级的制度。锦标激励中有时也同时使用首位晋升制和末位淘汰制，对评优、评先中排名靠前的代理人进行奖励，并对排名靠后的代理人进行惩罚。相比末位淘汰制，首位晋升制能对代理人产生正向激励作用。通常情况下，管理者并不希望通过惩罚或解雇员工的方式进行激励管理，因此，首位晋升制在锦标激励中更常见。本书主要选择首位晋升制进行重大输水工程交易中的锦标激励方案设计。

锦标激励通常根据奖金差额的存在形式分为"U"形锦标激励（U.S Tournament Incentives）和"J"形锦标激励（Japanese Tournament Incentives）[172, 173]。"U"形锦标激励是规制者在竞赛前提前设置一组高低不同的奖金水平，比赛结束后根据代理人的排名分别给予不同水平的奖金，奖金水平是预先设定的，且奖金差额是固定的，不会随着代理人的产出绩效而改变。"J"形锦标激励是规制者不预设高低奖金，在总体奖金水平一定的情况下，根据代理人的排名按照不同的激励系数给予不同的奖励，奖金水平和奖金差额均不是固定的[161]。"U"形锦标激励和"J"形锦标激励的本质区别在于："U"形锦标激励是根据不同等级的奖金水平对不同排名的代理人进行奖励，奖金以具体金额的形式出现；"J"形锦标激励对不同排名的代理人的奖励金额是不固定的。

"U"形锦标激励和"J"形锦标激励在激励形式、激励效果及激励效率等方面具有很大的不同，其适用范围和领域也有所不同。根据代理人的风险偏好程度、竞争环境和代理人优势条件的不同，这两种形式的锦标激励具有不同的激励效率。第一，对于同质且风险中立的代理人，在委托人零利润的条件下，"U"形锦标激励和"J"形锦标激励均可以实现最佳激励的效果。第二，在非完全竞争环境下，"U"形锦标激励可以更好地避免代理人之间共谋现象的发生，给委托人带来更大的收益。此外，当参与竞赛的代理人数量较少时（$n<4$），在组织竞赛成本上，"U"形锦标激励比"J"形锦标激励的激励效率更高[173]。第三，在完全竞争环境下，针对风险厌恶的代理人，"U"形锦标激励无法判别锦标激励制度的激励相容性，"J"形锦标激励更能实现系统的最优均衡。此外，针对自利倾向且具有公平偏好的代理人，在不同的监管程度下，"J"形锦标激励的监管成本更低，更具竞争优势[174]。

在完全竞争环境的重大输水工程交易中，追求自身利益最大化的多承包方多厌恶风险，且具有公平偏好倾向，"J"形锦标激励更适合重大输水工程交易的情境。为了实现最优的锦标激励效果，本书选择首位晋升制的"J"形锦标激励进行重大输水工程交易中的锦标激励方案设计。

### 2. 锦标激励机制

机制（Mechanism）原指机器的构造和工作原理。在社会学中可以理解为，使用具体的运行方式协调各个部分或组织之间的关系，使它们更好地发挥作用，包括内部组织和组织运行的制度[175]。机制从功能角度划分，包括激励机制、制约机制和保障机制。其中，激励机制是指在给定既定目标条件下，委托人通过设计特定的激励方法与管理制度，将代理人对委托人及工作的承诺最大化的过程[176]。

锦标激励机制是激励机制中的一种，主要指在组织中，委托人通过设计锦标激励措施与管理制度，使之系统化和规范化，并与代理人相互作用、相关制约的结构、制度、关系及演变规律的总和。锦标激励机制包括五个因素：行为导向制度、行为时空制度、行为规划制度、诱导因素集合和行为幅度制度[177]。行为导向制度指诱使代理人朝着期望目标努力和应遵循行为的指导方式；行为时空制度指在时间和空间上的规定；行为规划制度指对组织中达到或未达到目标的奖励或惩罚措施；诱导因素集合是指调动代理人工作积极性的各种影响因素；行为幅度制度是对诱导因素所激发行为结果进行判断和控制的制度。

在重大输水工程交易的锦标激励机制中，行为导向制度指重大输水工程交易中诱使多承包方朝着期望目标努力的指导策略；行为时空制度指锦标激励在实施周期和空间范围上的薪酬分配措施；行为规划制度指锦标激励的具体激励措施；诱导因素集合指激发多承包方努力行动的影响因素；行为幅度制度指对锦标激励实施成效的判断和控制制度。根据锦标激励机制的内涵，重大输水工程交易中的锦标激励机制包括：锦标激励下主体行为的导向策略和影响因素集合、锦标激励薪酬分配制度、锦标激励奖罚制度和锦标激励成效测度制度。具体而言，重大输水工程交易中的锦标激励机制设计包括三个方面：第一，通过构建锦标激励下重大输水工程交易中业主与多承包方的博弈模型，探究主体行为的导向策略和影响因素，属于行为导向制度和诱导因素集合的分析；第二，通过锦标激励方案的设计给出具体的锦标激励薪酬分配方案和奖罚措施，属于行为时空制度和行为规划制度的设计；第三，通过构建合理的成效测度体系来判断锦标激励的实施效果，属于行为幅度制度的设计。

本书基于状态—结构—绩效的研究范式，对重大输水工程交易中的锦标激励机制进行研究，以期提升多承包方的建设绩效。重大输水工程交易中锦标激励机制的概念模型如图2.1所示。

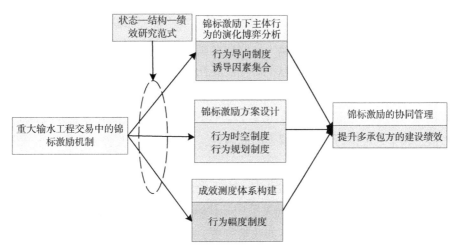

图2.1　重大输水工程交易中锦标激励机制的概念模型

## 2.2　理论基础分析

### 2.2.1　委托代理理论

委托代理理论（Principal—agent Theory）产生于经济学，由美国经济学家伯利和米恩斯提出[178]，因为他们发现企业所有者兼具经营者的做法存在很大问题，于是提出了倡导控制权与所有权分离的委托代理理论，企业所有者保留剩余索取权，而将经营权利让渡给管理者。

根据信息经济学理论，委托代理理论根据交易双方拥有私人信息的程度来区分委托人和代理人，将拥有私人信息少的一方称为委托人，将拥有私人信息多的一方称为代理人[179]。从经济学的角度出发，委托代理关系实际上是一种契约关系，在契约中个人或组织（委托人）通过聘请另一个人或组织（代理人）做某些工作，并把行使权交付给代理人，委托人根据最终代理人的工作绩效支付相应的酬金。经济学家发现，在委托代理理论中委托人与代理人之间的信息是不对称的，指出双方之间产生矛盾的根本原因在于信息不对称和双方利益诉求的不一致[180]。由于代理人在委托代理活动中，把自己的利益放在首位，是以付出最小的代价和成本获得最优的收益为目标，再经过准确地判断和计算做出选择，最终选择对自己有利的行动，即隐藏信息的逆向选择和隐藏行动的道德风险[181]。

委托代理关系所带来的经济效益，是以代理人全心全意地为委托人服务为前提的，但是在现实生活中，这一前提却很难被满足。主要有以下几个原因：

（1）委托人与代理人之间的效用目标不尽一致。由于委托人和代理人的经济活动是相互独立的，两者所处地位、角度不同，各自追求自身的利益。委托人追求的目标是资本增值和资本收益最大化，最终表现为对利润最大化目标的追求。而代理人的目标利益是多元化的，除了追求更高的货币收益外（如更高的薪金、奖金、津贴等），还通过对非货币物品的追求实现尽可能多的非货币收益（如职业安全、事业成就、社会声望和权力地位等）。

（2）委托人与代理人之间的信息不对称。委托代理双方经济活动中掌握的信息是不对称的，委托人由于已经授权，对代理人的了解往往是有限的，加之其专业知识相对贫乏，无法了解代理人的私有信息而处于信息劣势。代理人具备专业技能与业务经营上的优势，其掌握的信息和个人经营行为具有很强的隐蔽性，给委托人的监督工作带来很大阻碍，增加交易成本。

（3）环境的不确定性。在经济活动中，由于受到外界环境的影响，行动者无法准确预判自身行为带来的结果。在委托代理关系中，代理人的产出绩效除了受自身行为影响外，还会受外界环境和其他因素的影响，如政策变更、地理条件变化等。

（4）委托人与代理人之间的契约不完全。委托代理关系实质上是一种契约关系，但由于人的有限理性和不确定性的存在，委托人与代理人之间不可能在事前签订一个完全合同来约束代理人的行为，双方之间的委托代理合同具有不完全性，这就使得代理人有可能做出有损委托人利益的决策而不被委托人发现。

委托代理理论主要从委托人与代理人双方信息不对称出发，探讨委托人如何激励代理人选择行动，使得自身效用最优的同时实现委托人效用的最大化，以此解决信息不对称引发的道德风险问题。20世纪60年代末70年代初，该理论随着一些经济学家深入研究企业内部信息不对称和激励问题而迅速发展。委托代理理论的核心问题是，委托人如何设计合理的激励措施，驱使代理人在行动时，确保自身收益最大化的同时也能满足委托人效用的最大化，以此来解决目标不一致和信息不对称带来的代理问题[182]。

委托代理理论尝试通过模型化的方法解决这类问题，在模型搭建上，首先设置委托人的目标函数，其次考虑代理人的参与约束与激励相容约束，这实际上是一个双层规划问题，在模型解法上主要使用"分布函数的参数化方法"，通过求解一阶条件获得相应的解。经过多年发展，委托代理理论从最初传统的双边代理发展成多代理、多任务代理和共同代理，日趋成熟。本书所关注的锦标激励问题就是委托代理理论领域的一个十分重要的发展方向。

在建设工程领域，业主通常将工程的建设任务委托给承包方，业主与承包方之间以合同为纽带形成委托代理关系。在业主与承包方的委托代理关系中，业主追求项目收益最大化，承包方寻求自身利益最大化，由于双方信息不对称和利益诉求的不一致，承包方会借助信息优势选择对自身有利而不利于业主的行动，包括招标合同签订前的逆向选择和招标合同签订后的道德风险。业主作为委托人应当在事后的代理合同中设计一套行之有效的机制，对承包方的建设行为进行激励和约束，抑制承包方机会主义行为的发生，降低业主的道德风险。

### 2.2.2　激励理论

激励（Motivation）可以理解为激发动机，鼓励行为[183]。激励主要指通过各种方式和诱因改变人的行为和态度，是行动受到激发和引导的过程。激励是遵循人的心理和行为规律，通过满足心理需求来达到调动人的积极性的目的[184]。当人的内心产生某种需求时，心理就会因为该需求产生紧张或不安的状态，从而形成一种追求该需求的内在动力，诱使个体朝着该目标行动；当目标达到后，内心的需求会得到满足，追求需求的激励状态解除；激励状态会随着新需求的产生再次形成，这个过程就是激励过程[185]，如图2.2所示。

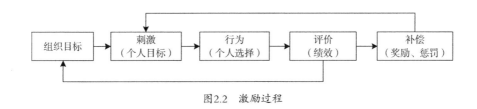

图2.2　激励过程

哈佛大学的威廉詹姆斯通过对员工的激励研究发现，在没有实施激励机制时，员工的能力发挥了20%～30%；当受到激励后，其能力可以提升到80%～90%，发挥的能力相当于激励前的3～4倍[185]。激励是遵循人的心理和行为规律，通过满足心理需求达到调动人的积极性的目的。有效的激励过程需要激发人的内在动机，只有内在动机引起的持续行为，才是有目标指向的行为。因此，任何一种激励措施都是一种对人的需要的满足或剥夺，以此激发人的行为的内在动机。按照激励的表现方式，可以将其划分为内在激励和外在激励。内在激励指的是工作本身带给激励者的激励，包括成就感、声誉、工作的趣味等，内在激励使人产生发自内心的激励力量。外在激励是被激励者预期在一定时限内获得的外在补偿的总和，包括薪酬的增加、职务的提升等，还包括晋升、获得荣誉以及由此带来的物质增加等。

当人的某种需要产生时，心理上就会产生一种不安或紧张状态，从而造成一种内在驱动力，驱使人的行动指向目标；当目标达到后，需要得到满足，激励状态解除，随后又会产生新的需要，这个过程就是激励过程。在新制度经济学领域，激励是指充分调动被激励者的积极性，使其行为的收益或收益预期与其活动的数量和质量，或者说与其努力程度一致。组织为了实现自身的目标，首先要激发员工的积极性，在至少假定员工为"经济人"的前提下，进行制度设计，提供持续稳定的外部刺激，使个人明确行动方案以及对未来的收益形成确定预期，促使个人做出对组织有利的行为选择，并接受组织绩效评价，根据绩效情况，组织对员工进行奖惩。整个过程都围绕着信息的形成、传递和识别展开。

激励理论是探讨如何在满足人的心理和物质等需求的基础上，最大限度地调动行为人积极性的理论。它是在心理学和组织行为学的研究基础上形成的，以管理环境为依托，以个体的需求为基础，侧重对一般人性的分析。激励理论经过一个世纪的发展，通过对个体心理和行为的观察和试验，形成了一系列与管理实践密切关联且行之有效的激励理论。学者关于激励理论的研究主要从两个不同的思路展开：一是在经验综合和科学归纳基础上形成的管理学激励理论；二是在人性假设基础上，通过严密的逻辑推理和数学模型获得的经济学激励理论[186]。

从管理学的角度出发，激励理论研究如何在满足行为人需求的基础上，运用与之相适应的激励机制，最大限度地调动人的积极主动性，以满足组织的目标。管理学的激励理论主要从激励客体的需求、动机、目的和期望等因素出发，研究如何激发员工努力工作，因此管理学的激励理论也被称为心理学激励理论，包括早期的动机激发理论和现代激励理论。根据激励研究的侧重和行为关系的不同，现代激励理论被分为四大类：内容激励理论、过程激励理论、行为主义激励理论（又称行为后果理论）和综合激励理论[175]。这四大类激励理论的主要代表理论、代表人物及主要内容如表2.2所示。

**激励理论的类型及主要内容** 表2.2

| 激励理论类型 | 代表理论 | 代表人物 | 主要内容 |
|---|---|---|---|
| 内容激励理论 | 需求层次理论 | 马斯洛 | 人类需求从低级向高级划分为：生理需求、安全需求、社交需求、尊重需求和自我实现需求[187] |
| | "激励—保健"双因素理论 | 赫茨伯格 | 能够带来不满意效果的因素叫保健因素；能够带来积极和满意效果的、与工作本身性质有关的因素叫激励因素[188] |
| | 成就理论 | 麦克利兰 | 人在生存需要之外，还有三种重要的需要：成就需要、权力需要和友谊需要 |
| | ERG需要理论 | 奥德弗 | 人类的需要主要有生存需要、相互关系需要和成长需要 |
| 过程激励理论 | 期望理论 | 维克托·弗鲁姆 | 人的需求是建立在一定的期望基础上，人的行为选择及其行为结果以某种关系联系在一起[189] |
| | 公平理论 | 亚当斯 | 研究工资报酬分配的合理性、公平性对员工工作努力程度的影响 |
| 行为主义激励理论 | 旧行为主义激励理论 | 华生 | 行为结果是诱发行为的激励因素，通过相对应的激励手段诱发人的行为 |
| | 新行为主义激励理论 | 斯金纳 | 激励手段加入人为主观因素的中间变量，从社会心理观点出发，分析人的物质需要和精神需要 |
| 综合激励理论 | 综合激励理论 | 劳勒和波特 | 员工工作绩效由其努力程度决定，获得的奖励以绩效为参考，有了绩效才能获得激励，得到了激励才能在一定程度获得满足感 |

资料来源：作者根据相关研究结果整理[175]。

（1）内容激励理论。内容激励理论是从激励内容出发，研究如何调动代理人的积极性，研究哪些是影响努力行为的变量，不过分关注这些变量影响行为的过程。内容激励理论中代表性的理论包括：需求层次理论、"激励—保健"双因素理论、成就理论和ERG需要理论。

需求层次理论是由马斯洛提出来的，他认为人需要动力来实现某些需求，他把人类的需求由低到高分为5级，类似于金字塔的等级。从等级结构的低级向高级划分，需求分别为：生理需求、安全需求、社交需求、尊重需求和自我实现需求。前4个层级为低级需求，第5个层级为高级需求。马斯洛认为这五类需求不会被同时满足，一般由低到高，越往上得到满足的可能性越小，需求层次理论为管理者调动员工积极性提供了方向。

美国心理学家赫茨伯格借鉴了马斯洛需求层次理论中"逐级"需要的思想，提出了"激励—保健因素理论"即"激励—保健"双因素理论。双因素理论研究的是激励过程中的各种要素所起的作用，赫茨伯格认为，激发动机的因素有两类：保健因素和激励因素。保健因素是指能够带来不满意效果的因素：政策、措施、监督、人际关系、物质条件和工资福利等。在工作中，如果个体对保健因素的需要得不到满足，将会导致个体产生不满情绪，甚至会严重挫伤其积极性；反之，处理得当，不仅能防止产生不满情绪，还能提高其工作的积极性。激励因素是指能够带来积极和满意效果的、与工作本身性质有关的一类因素，即个人自我实现的因素：工作本身具有挑战性、奖励、晋升、成长、负有较大责任、成就感。激励因素是影响人们工作的内在因素，只有这类因素被满足才能起到激励作用。

麦克利兰提出的成就理论对人的需要和动机进行了研究，他认为人除了生存需要之外，还有其他三种重要的需要，即：成就需要、权力需要和友谊需要，并提出了成就理论。其中，成就需要是努力取得成功，希望做得最好的需求；权力需要是影响或控制他人且不受他人控制的需求；友谊需要是建立亲密关系的人际交往的需求。

ERG需要理论是生存（Existence）、相互关系（Relatedness）、成长（Growth）需要理论的简称。该理论是奥德弗以马斯洛需求层次理论为基础形成的激励理论。生存需要是指对基本物质生活条件的需求，与马斯洛认为的生理需求和安全需求一致；相互关系需要是指维持友善人际关系的愿望，与马斯洛的社交需求和尊重需求相一致；成长需要是指人们希望得到发展和自我完善的内心需要，与马斯洛的尊重需求和自我实现的需求内容相似。

（2）过程激励理论。过程激励理论是关注人们从动机产生到实现任务目标的心理过程。该激励的主要任务是找出对人们选择某些行为，且做出一定程度努力的主要因素，弄清楚这些因素之间的相互关系。过程激励理论包括：期望理论和公平理论。

期望理论认为人的需求决定了他的行为和行为方式。人的需求是建立在一定期望的基础上的，人的行为选择及其行为结果是以某种关系联系在一起的，可以用公式表示为：$M=V \times E$，式中，$M$表示激发力量，$V$表示效价，$E$表示期望。

公平理论是研究工资报酬分配的合理性、公平性对员工工作努力程度影响的理论。经典经济学是建立在"经济人"假设基础上的，即认为作为市场中的个体，每个人都具有

"自利偏好"。他们不仅关注自己的绝对收入，还关心自己的相对收入，对工作的满意程度能影响个体工作的积极性。代理人对收入的满意程度能够影响其工作的积极性，而对收入的满意程度又取决于一个社会比较过程。每个人会把自己付出的劳动和所得的报酬与他人的付出和所得进行社会比较，也会把自己现在的付出和所得与自己过去的付出和所得进行历史比较，职工个人需要获得和保持分配上的公平感。

（3）行为主义激励理论。华生提出的旧行为主义激励理论，他认为管理过程的本质就是激励，通过相对应的激励手段诱发人的行为。激励的手段不仅要刺激变量，还要考虑中间变量。在具体的激励手段中，不仅要考虑物质这一变量，还要把主观因素考虑进去。根据新行为主义理论，激励手段的内容应从社会心理观点出发，深入分析人们的物质需要和精神需要，并使个体需要的满足与组织目标的实现一致化。新行为主义理论认为，人们的行为不仅取决于刺激的感知，而且取决于行为的结果，当行为的结果有利于个人时，这种行为就会重复出现而起到强化激励的作用。

新行为主义激励理论实质是行为改造，其主要代表是强化理论，是由美国行为主义者纳金斯提出的操作性条件反射说。该理论认为，行为结果是行为本身的维持和驱动因素，如果用于管理领域，则行为结果有利于行为人时，行为就会重复出现，即起到了激励作用，而当行为结果不利时，这一行为就会逐渐消失或减弱。对某种行为进行奖励，使之巩固、保持和加强，称之为正强化；对某种行为进行否定或惩罚，使之减弱消失则称为负强化。强化程序将决定强化物出现的时间和频率，依据强化物出现的时间可将强化程序分为固定间隔、可变间隔、固定比率以及可变比率。

（4）综合激励理论。综合激励理论由美国行为学家劳勒和波特提出。他们认为激励因素包括：努力程度、工作绩效、内外奖励和满足感四个变量。四个变量之间的关系为：员工工作绩效由其努力程度决定，获得的奖励是以绩效为参考，有了绩效才能获得激励，得到了激励才能在一定程度上获得满足感。人们通过对所获得的激励的价值和感觉，通过努力后能获得奖励的期望概率，决定其在某一工作上的努力程度。同时，人们的行动结果不仅与个人的努力程度相关，也依赖个人的能力、心理以及个体对自己工作作用的知觉。

从经济学的角度出发，激励理论将行为人看作"经济人"，探讨如何实现利润或效用最大化。从经济学角度看，激励理论主要解决如何在特定的环境中，根据"经济人"的假设，设计出一系列实现组织利益最大化的制度。经济学中的激励理论以新古典的劳动力市场均衡为根本，形成了契约经济学中解决委托代理问题的契约理论，重点强调激励机制的设计。根据信息经济学，在"委托代理"双方发生交易的过程中，会出现基于代理人隐藏知识或者隐藏行动而发生的信息不对称问题[190]。在经济学中，通常将解决委托代理关系所引起的"道德风险"和"逆向选择"问题的相关理论称为激励理论，委托代理关系中的委托人通常是激励主体，代理人是激励客体。经济学中的激励理论主要解决的三个核心问题包括：第一，如何激励代理人产生行为动力；第二，如何确保代理人的行为朝着激励的目标努力；第三，设计何种程度的激励措施[191]。

经济学对激励理论的探讨通常与现代企业理论相结合，将劳动力看作可变的投入因素，管理者将产出效益最大化作为激励目标。从经济学中的劳动力市场绩效角度出发，通常将激励理论划分为基于绝对绩效的激励理论和基于相对绩效的激励理论。基于绝对绩效的激励理论又叫线性激励理论，是以代理人的绝对绩效为评价依据对其进行激励的理论。基于相对绩效的激励理论是以相对绩效为评价依据对代理人进行激励的理论，通过对处于相同环境条件下的代理人之间的绩效比较，对相对绩效高的代理人进行奖励，相对绩效的高低可以反映不同代理人的努力水平。基于相对绩效的激励理论通常包括锦标赛、标尺竞争和团队激励等相关激励理论。

对比分析发现，管理学与经济学中对激励理论的划分和解释有明显不同。管理学的激励理论注重"软"的行为管理方式，侧重激发个体的积极性，突出激励的过程。经济学中的激励理论侧重利用既定的制度框架，进行"硬"的制度设计，强调激励的结果。重大输水工程交易中的锦标激励机制设计，应综合利用管理学和经济学中的激励理论，将激励过程与结果统一起来，以更好地实现激励目标。

### 2.2.3　锦标赛理论

锦标赛理论（Tournament Theory）由Lazear和Rosen共同提出[25]。1981年，Lazear和Rosen提出了经典的LR锦标赛理论模型（又称LR锦标激励模型），在LR锦标激励模型中，假设有一个委托人和两个代理人，将两个代理人看作是参与比赛的竞争者，代理人均为风险中性的，且努力水平是私人信息，代理人的产出绩效由自身努力水平和外部环境决定。由于委托人无法判断两个代理人的行为和努力程度，因此设计一个基于相对绩效评估的锦标激励模型对两个代理人的努力程度进行激励。锦标赛理论的基本原理是：委托人事先确定激励办法，根据代理人的相对绩效排名进行激励，排名结束后，对在竞赛中产出较多的、排名在前的代理人给予报酬$W_H$，对产出较低的、排名在后的代理人给予报酬$W_L$（$W_H > W_L$）。

锦标赛理论的核心是：委托人通过设置阶梯式薪酬奖励，以等级报酬或职位晋升等方式提高代理人工作的积极性，代理人为了获得更高的报酬和满足感而努力工作，以此降低委托人的监管成本，最大限度地促进委托人与代理人效用最大化的一致性[192]。代理人工作的积极性与既定晋升相关联的工资增长幅度正相关，只要晋升排名顺序未确定，代理人就有动力为获得晋升而努力工作。锦标赛理论认为薪酬奖励是基于代理人之间相对产出的排序而非绝对绩效，锦标奖励的强度由竞赛"获胜者"和"失败者"之间的报酬差额决定[193]。在代理任务具有较大不确定性时，锦标激励可以消除多代理人面临的共同冲击，确保委托人对代理人结果判断的准确性，并且起到对两个代理人同时激励的作用[194]。一般，获胜者在得到奖金的同时，也伴随着获得声誉和荣誉，代理人会为了奖金和荣誉而努力工作，追求精神和物质的满足[195]。

锦标赛理论是对委托代理理论的应用和发展。委托代理理论是建立在委托人和代理人双方信息不对称、博弈的基础上的，其核心内容为委托人对代理人的激励和约束。锦标激励与传统激励机制的区别在于，其是根据组织中个人或团队的排名顺序给予额外晋升奖金的激励制度。相对绩效排名较高的个人或团队获得较高的报酬；相对绩效排名较低的个人或团队获得较低的报酬。排名较高的代理人与排名较低的代理人之间的工资差距反映了锦标赛激励机制的激励强度。锦标赛理论认为：员工工作的积极性与既定晋升相关联的工资增长幅度正相关，只要晋升排名顺序未确定，员工就有动力为获得晋升而努力工作。锦标竞赛应用广泛，包括薪酬制度的等级竞争性晋升、单位管理者和政府机构官员的职位竞争性晋升等不同领域，在公司治理、企业管理、体育竞赛中被广泛应用。

锦标赛从奖金形式上分为"U"形锦标赛和"J"形锦标赛。"U"形锦标赛是委托人提前根据排名等级设置好一组高低奖金激励代理人实现竞赛均衡结果，这组奖金差额是固定的，不会随着代理人的产出绩效而改变。"J"形锦标赛是提前预设基本工资和总奖金水平激励代理人实现竞争均衡结果。"J"形锦标赛的设计原则是在总激励金额不超过总奖金水平的基础上，根据不同代理人的排名设计不同的激励系数，激励多个代理人。

这两种锦标赛在激励形式、激励效果及激励效率等方面具有很大的不同，适用范围和领域也有所不同。在完全竞争环境下，针对风险中性的代理人，"U"形锦标赛和"J"形锦标赛均可实现最优均衡结果；针对风险厌恶的代理人，"J"形锦标赛均可实现最优均衡结果，且当代理人具有领先优势时，"J"形锦标竞赛比"U"形锦标竞赛更有优势。在不同监管的力度下，针对具有自利偏好的代理人，"U"形锦标竞赛与"J"形锦标竞赛相比，其组织竞赛的成本更低；若代理人具有公平偏好，同时承担无限责任，"J"形锦标竞赛则更有竞争优势。"U"形锦标赛和"J"形锦标赛的激励模型均来自经典的LR锦标激励模型。

## 1. 经典的LR锦标激励模型

经典的锦标激励模型假设有两个代理人 $i$ 和 $j$ 参与竞争，$x_i$ 是代理人 $i$ 的努力产出，代理人 $i$ 的努力水平为 $e_i$，则代理人 $i$ 的产出可以表示为：$x_i = e_i + \varepsilon_i$，$\varepsilon$ 是随机变量，代表外界环境对代理人行为产生的影响。代理人 $i$ 付出努力的成本为 $C(e_i)$，$C(e_i) = ce_i^2/2$。委托人给予获胜代理人的奖金为 $W_H$，给予失败代理人的奖金为 $W_L$。代理人 $i$ 在竞争中获胜的概率为 $P_i$，$P_i(x_i > x_j) = prob(e_i - e_j > \varepsilon_i - \varepsilon_j)$。因此，代埋人 $i$ 的期望收益为：$P_i[W_H - C(e_i)] + (1 - P_i)[W_L - C(e_i)] = P_i(W_H - W_L) + W_L - C(e_i)$。代理人 $i$ 期望投入努力 $e_i$ 以使收益最大化，则努力投入的变化引起获胜概率的变化为：

$$\frac{\partial P_i}{\partial e_i}(W_H - W_L) - C'(e_i) = 0 \tag{2.1}$$

代理人 $i$ 获胜概率对努力水平 $e_i$ 的二阶倒数为：

$$\frac{\partial^2 P_i}{\partial e_i^2}(W_H - W_L) - C''(e_i) < 0 \tag{2.2}$$

本书基于经典的LR锦标激励模型，对重大输水工程交易中的锦标激励模型进行设计和分析。

### 2. 锦标赛获胜概率

锦标赛获胜概率是锦标赛理论的一个关键组成部分，竞争者在锦标赛中获胜的概率可由盖然性选择函数表示。该函数是研究个体行为选择的函数，指在给定努力水平上，对每一位参赛者提供了获胜的可能性，主要用于关联个体参与锦标赛的能力、努力程度以及可以帮助参赛者的随机因素。

随后，学者根据随机理论、公理化和优化设计等理论推导，得出以下不同形式的锦标赛获胜概率函数：随机理论推导假设参赛者的产出包括其努力与一些随机变量相关，并且这些随机变量服从一定的分布；公理化推导假设两方之间的锦标赛结果只取决于这两个参赛者的努力，而不取决于任何第三方的努力；优化设计推导假设锦标赛设计者有关于参赛的努力水平或者其他随机的目标。在这些概率函数中，最常用的是随机理论推导函数，常用的锦标激励概率函数为：比例函数、Probit函数、Logit函数、非对称函数以及考虑平局锦标函数[123]。表2.3是这些函数的主要形式。

锦标激励概率函数 表2.3

| 类型 | 函数形式 |
|---|---|
| 比例函数 | $P_i(e_i/e_j) = \dfrac{e_i^u}{e_i^u + e_j^u}, u>0$ |
| Probit函数 | $P_i(e_i/e_j) = \Phi(e_i - e_j)$ |
| Logit函数 | $P_i(e_i/e_j) = \dfrac{\exp(ue_i)}{\exp(ue_i) + \exp(ue_j)}, u>0$ |
| 非对称函数 | $P_i(e_i/e_j) = \dfrac{a_i f(e_i)}{a_i f(e_i) + a_j f(e_j)}, a_i>0, \ a_j>0$ |
| 考虑平局锦标函数 | $P_i(e_i/e_j) = \dfrac{f_i(e_i)}{s + f_i(e_i) + f_j(e_j)}, s>0$ |

## 2.2.4 社会比较理论

社会比较理论也称为比较理论，强调个体在社会生活中，利用他人作为比较的尺度，来判断自身获得的薪酬是否合理，个体所受到的激励是根据自己和参照对象努力水平的投入和回报进行主观比较所决定的[196]。社会比较理论的基本观点是：个体是否感受到激励，不仅与自己能力和报酬有关，还和其与别人报酬的对比结果有关。

社会中的个体具有与生俱来的比较能力，特别是团队内的竞争。竞争实际上是能力的抗衡，在进行能力的比较时，"向上性动机"起着关键作用，个体往往选择强者作为比较和超越的对象，也就是这种社会比较的动力，激励强者更强，弱者更努力。该理论认为，个体通过与他人比较来判断自己的能力，并以此为参照确定如何努力和改变。通常在以下三种情况下进行社会比较：①不确定自己的能力和水平；②处于高压力、新的或变化的情境中；③在促进竞争的环境中[197]。

社会比较理论包含横向维度的比较和纵向维度的比较。其中，横向维度的比较是个体与参与竞争的其他人之间的比较；纵向维度的比较是个体针对不同时间节点自己与自己的比较。社会比较理论有以下几个作用：第一，当个体进行横向比较时，如果个体认为自身所获得的薪酬与他人不相上下，就会感到平静、公平，不会出现骄傲、嫉妒、不满的情绪；第二，当个体与他人进行比较，发现自身获得的薪酬更高时，就会出现骄傲、满足的自我实现感，内心得到激励，会付出更多的努力，从而追求更高的报酬；第三，当个体选择与他人进行比较，发现自己获得薪酬较低时，就会产生不公平的感受；第四，当个体在横向比较中感受到公平和自豪的优越感时，会通过增加努力而获得更高的薪酬，并在一段时间后，通过纵向维度的比较，判断自身努力行为与薪酬的匹配度。

根据社会比较理论可知，在竞争的环境中，个体或组织往往选择略胜一筹的他人或组织作为比较对象，并追求超过获胜者。在重大输水工程交易的锦标激励中，多承包方会通过对比来判断自身的努力情况，并通过横向维度的比较判断努力程度和薪酬大小的匹配度，在锦标竞争中失败的承包方会选择获胜者作为比较的对象，以求在下一阶段竞赛中通过增加努力来追赶获胜者；在锦标竞争中获胜的承包方会因为自身获得高报酬而出现自豪的满足感，行为得到激励，从而在下一阶段的竞赛中，通过增加自身的努力而获得更高的报酬。

### 2.2.5　公平偏好理论

行为科学认为，行为人的心理感受可以对其行为决策产生激励效果。在具有相似或相同工作内容的激励中，个体将通过对比、学习和归纳等感知来判断自身努力水平和薪酬的匹配程度，并通过这种判断影响努力行为，最终选择是否提高努力水平。20世纪80年代之后，行为经济学家和实验经济学家通过对个体的心理和行为的研究发现，个体并非纯粹自利的，对物质分配或行动动机是否公平的感知也普遍存在，也就是说，个体是具有公平偏好的[198]。

西蒙提出的"有限理性"的概念对古典经济学纯粹的"经济人"假设进行了修正，实验经济学和行为经济学自此开启了新的研究思路。一系列的博弈实验，包括最后通牒博弈[199]、礼物交换博弈[200]、信任博弈[201]、独裁者博弈[202]和公共产品博弈[203]实验均证明，代理人的行动选择不仅受自身利益影响，还受内心心理因素的驱动。代理人在行动时不仅关注自己的收入，还关注收入分配结果是否公平，这种心理倾向被称为公平偏好倾向。

公平偏好理论又称为不平等厌恶偏好理论，该理论认为人不仅仅具有自利偏好，还具有公平偏好。目前，描述公平偏好的理论模型主要包括三类：第一类是动机偏好模型，关注行为动机的公平性，认为个体会为报答善意行为或报复敌意行为而不惜牺牲自身利益。

主要以Rabin的互惠偏好模型为代表[204]，将个体行为动机纳入公平行为过程。第二类是收入分配公平模型，关注收入分配的结果是否公平，认为个体不仅注重自身的收入，也注重与他人收入的对比。主要以Fehr和Schmidt的收入差距厌恶模型（也称FS公平偏好模型）为代表[96]，他们认为个体并非纯粹的"经济人"，也会关注自身收入是否公平。第三类是融入动机偏好及收入分配公平的模型，既关注行为动机的互惠也强调收入分配结果的公平，认为个体的行为会受这两种偏好的影响。

第一类和第三类公平偏好模型，博弈过程复杂且参数较多，在实际应用中存在困难；第二类公平偏好模型易操作，被广泛应用于博弈实验中，对众多社会经济现象做出合理解释[205]。FS公平偏好模型认为个体会通过横向对比自己与他人的收益情况，对公平性做出心理判断。这种公平性的心理判断会对个体行为决策产生影响，当个体感觉自身收益低于他人时，个体因自身收入低于其他人产生嫉妒偏好，也会因收入高于他人产生同情或自豪偏好[206]。FS公平偏好理论模型如下所示：

假定有两个代理人$i$和$j$，代理人$i$的效用为：

$$u_i(x) = x_i - \delta_i \max\{x_j - x_i, 0\} - \partial_i \max\{x_i - x_j, 0\} \tag{2.3}$$

在公式（2.3）中，$x_i$代表代理人$i$的绝对收入，$u_i(x)$代表代理人$i$的效用，$\delta_i$代表代理人$i$因收入低于对方产生的嫉妒负偏好，$\delta_i > 0$，$\delta_i \max\{x_j - x_i, 0\}$表示因嫉妒负偏好带给代理人$i$的效用损失。$\partial_i$代表代理人$i$因收入高于对方产生的同情负偏好，$\partial_i > 0$，$\partial_i \max\{x_i - x_j, 0\}$表示因同情偏好带给代理人$i$的效用损失。代理人的净效用与绝对收入、嫉妒偏好的负效用和同情偏好的负效用相关。值得注意的是，$\partial_i > 0$表示高收益带给个体的同情负偏好，而$\partial_i < 0$则表示高收益带给个体的自豪正偏好。FS公平偏好模型发现，在现实生活中，$\partial_i < 0$的现象也普遍存在，即代理人会因为收入高于其他人而产生骄傲的满足感，产生自豪的正效用。大量研究也表明，当个体获得高收益时，产生自豪偏好的概率大于同情偏好[207]。因此，个体$i$的净效用与绝对收入、嫉妒的负效用和自豪偏好的正效用相关。FS公平偏好模型也可以表示为：

$$u_i(x) = x_i - \delta_i \max\{x_j - x_i, 0\} + \partial_i' \max\{x_i - x_j, 0\} \tag{2.4}$$

在公式（2.4）中，$\partial_i' > 0$，表示代理人因收入高于其他人而产生的自豪正偏好，$\partial_i' \max\{x_i - x_j, 0\}$表示因自豪偏好带来的正效用。当$\delta_i = \partial_i' = 0$时，表明代理人是纯自利的，不存在公平偏好倾向。

根据行为科学，在重大输水工程交易的锦标激励中，多承包方会关心锦标激励分配的结果是否公平。当承包方的物质收益高于其他承包方时，会产生积极的自豪正偏好。相反，若承包方的物质收益低于其他承包方时，会产生消极的嫉妒负偏好。

## 2.2.6 状态—结构—绩效理论

状态（State）—结构（Structure）—绩效（Performance）理论（简称"SSP理论"）

是由阿兰·斯密德教授提出的，用来分析制度与其使用效果的独特关系，SSP理论已经成为机制设定与分析的一种经典范式[208]。在SSP理论模型中，状态指人或事物所处环境的内在特征，状态是进行制度设定的关键因素。结构指人们选择交易的制度方案，通过确定制度来改变人或事物所处环境的内在特征，描述了人与人之间的相互依赖关系。制度方案可以是正式的，如合同条款、法律文件等，也可以是非正式的，如文化传统、风俗习惯等。绩效则是对制度方案选择后所获成效的回应和判断。不同的环境特性会带来不同的制度选择，在应用不同的制度时会带来不同的绩效，对绩效的讨论有利于做出正确的制度选择。

SSP理论具有较强的逻辑线索性，状态是逻辑起点，SSP理论认为人类相互依赖性的个体特性、集体特性、物品特性等，实质上就是一种环境，由该环境引起后续的制度选择；结构是逻辑中介，根据物的内在特性，人们可以进行相应的制度选择，即制度安排过程；绩效是逻辑终点，在特定的制度安排下，必然产生相应的制度成效，这是对所安排的制度的一种效果检验[209]。

SSP理论模型将状态环境、制度选择以及制度成效作为一个链条进行分析，该模型对于机制的系统性分析及其相应的策略优化具有现实意义。由于SSP理论模型在机制研究中具有广泛的适用性，学者们逐渐将其引进相关学科，并形成一种正式的研究范式。SSP研究范式逐渐在生态保护、环境评价和公共管理中被应用，该研究范式在建设工程的机制研究中具有一定的适用性。

重大输水工程交易中的锦标激励机制存在状态、结构、绩效的关联，SSP研究范式同样适用于重大输水工程交易的锦标激励机制研究。重大输水工程的交易存在于特定的环境关系中，该交易环境影响锦标激励制度的选择与安排，锦标激励制度的选择与安排直接产生相应的制度成效。在重大输水工程交易中锦标激励机制的SSP理论模型中，状态指重大输水工程交易所处的环境与内在特征；结构指锦标激励正式制度的选择和分析；绩效指锦标激励实施后的效果回应。重大输水工程交易中锦标激励机制的SSP理论模型如图2.3所示。

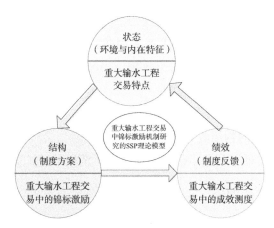

图2.3　重大输水工程交易中锦标激励机制的SSP理论模型

## 2.3 重大输水工程交易中实施锦标激励机制的需求分析

锦标激励机制对解决多主体的代理问题具有积极作用,不仅可以抑制重大输水工程交易中多承包方的机会主义行为,而且可以在一定程度上提升多承包方的努力水平,起到对多承包方施工行为的协同管理,弥补线性激励机制在重大输水工程交易中的应用偏差和失灵。本节对重大输水工程交易中实施锦标激励机制的需求进行分析。首先,阐述了重大输水工程交易中实施锦标激励机制的必要性;其次,运用物理(Wuli)—事理(Shili)—人理(Renli)方法论(以下简称"WSR方法论")分析了重大输水工程交易中实施锦标激励机制的可行性;最后,对重大输水工程交易中实施锦标激励机制的进步性进行探讨。重大输水工程交易中实施锦标激励机制的需求分析,是构建重大输水工程交易锦标激励机制的前提。

### 2.3.1 重大输水工程交易中实施锦标激励机制的必要性

在重大输水工程交易中实施锦标激励机制的必要性主要体现在以下几个方面:

(1)锦标激励机制能有效弥补线性激励动力不足的缺陷,在多承包方的激励中应运而生。

在重大输水工程的实施过程中,业主与多个承包方以合同为纽带同时进行交易,面临多承包方的代理问题。为解决此问题,业主需要设计一个激励机制对多承包方的平行施工进行激励。建设工程中普遍存在的线性激励机制将承包方看作独立的个体,激励决策以每个承包方的绝对产出绩效为基础,缺乏对多承包方之间边际贡献的综合考虑,无法实现多承包方之间施工行为的横向对比,易造成承包方之间的合谋和串通[210]。此外,基于绝对绩效的线性激励机制需要对每个承包方的绝对产出进行考量,考核工作量大,且易陷入"激励悖论"的陷阱,在重大输水工程交易的多承包方激励中动力不足。雅克·拉丰在《政府采购与规制中的激励理论》一书中提到,在激励规制中可以运用"相对绩效评估"来降低委托代理关系中的信息不对称程度,呼吁着以相对绩效为评估基础的激励制度的出现。锦标激励是委托代理框架下多代理人的竞争激励,基于多代理人的排序实施激励计划,从过去物质利益的平均分配,转变为物质奖励与相对排序挂钩,克服平均主义,能有效弥补线性激励动力不足的缺陷。因此,有必要在多承包方平行施工的重大输水工程交易中实施锦标激励机制,以此来优化重大输水工程交易中的激励制度。

(2)锦标激励机制是抑制多承包方之间机会主义行为,协同管理多承包方建设行为的重要手段。

重大输水工程交易中通常涉及多个承包方平行施工,根据委托代理理论,由于业主与多承包方之间的信息不对称和利益冲突,很容易出现多承包方的机会主义行为。基于相对绩效评估的锦标激励根据产出排序对多承包方进行激励,承包方所得的激励报酬不仅与自身行为有关,也与其他承包方行为的比较结果有关,这种通过对比而获得激励的方式,可以避免基于代理人绝对绩效所带来的机会主义行为[211]。在建设活动中，当多承包方的施工行为难以监管且费用高昂时，采取相对绩效评估的激励方法来抑制多承包方的机会主义行为要优于事后监管[212]。根据社会比较理论，在高度竞争的环境下，多承包方之间存在横向的对比，承包方通常选择强者作为比较的对象，来判断自身能力和薪酬的匹配度。由公平偏好理论可知，当承包方在锦标竞争中获胜，获得较高的薪酬时，会通过横向对比产生自豪的满足感，心理得到激励；当承包方在锦标竞争中失败，会因为自身获得低报酬而出现嫉妒、羡慕的不满足感，并在下一阶段竞争中通过提升努力程度来追赶获胜者。锦标竞争中获胜承包方的努力会给其他承包方带来压力，促使失败承包方"迎头赶上"，这种"向上性动机"同时激励平行交易中的多承包方努力工作，起到对多承包方施工行为协同管理的作用[213]。

（3）锦标激励机制能有效降低对多承包方的监管和考核难度，减少重大输水工程的交易成本。

在重大输水工程的实施过程中，业主与多个承包方同时交易，多承包方的参与及庞大的工程范围给业主的监管带来巨大挑战，不确定因素和外部环境的复杂性大大增加了业主的监督和考核成本。根据锦标赛理论，锦标激励利用阶梯式奖金的形式对多承包方进行激励，承包方薪酬的增长幅度与工作努力程度正相关，只要晋升排名顺序未确定，每个承包方均有动力为获得高薪酬而努力工作，锦标激励以等级报酬的方式提高多承包方的积极性。在重大输水工程交易的锦标激励中，承包方为了在锦标竞争中获得更高的报酬和满足感而努力工作，最大限度地促进其产出效用与业主效用最大化的一致性，这在一定程度上降低了业主的监管成本。同时，锦标激励的薪酬奖励是基于承包方之间相对产出的排序而非绝对绩效，在面临较大的环境和交易不确定性时，可以剔除多承包方所面临的共同的、未被观察的影响因素，大大降低监管和考核难度。在重大输水工程交易中，多承包方的施工行为通常面临较大的不确定性，对多承包方绝对绩效的测量费时费力，锦标激励机制能有效解决环境复杂导致的价值贡献难以评判的难题，对多承包方排序的难度显著低于边际贡献的测量，降低监管和考核带来的交易成本。

（4）锦标激励机制是提升重大输水工程建设绩效的重要保障。

重大输水工程交易中锦标激励机制的设置不仅对激励约束机制的顺利执行有重要作用，也直接影响重大输水工程的整体实施效果。基于相对绩效的锦标激励在对多承包方进行激励的同时，引入适当的竞争机制，提高多承包方的努力行为，进而提升建设绩效。根据行为经济学，多代理人在竞争环境中获得的心理感受，可以对其行为产生激励作用，当其他承包方在相似或相同工作中提供了较高的努力程度时，承包方将通过对比、学习和归纳等感知来提高自身努力程度。且当外部环境的不确定性程度较高时，代理人之间任务的可比性和相似性增加，基于相对激励的比较能激发多代理人表现出更高的努力水平，诱使多承包方努力工作提升建设绩效。锦标激励机制利用阶梯式奖金的形式对多承包方的多任务产出进行激励，从而有效引导多承包方的施工行为。在交易环境不确定性较大的重大输水工程中实施锦标激励，不仅可以有效抑制多承包方的机会主义行为，控制风险，还可以降低多承包方平行施工的监管难度和交易成本，在很大程度上提高重大输水工程的建设绩效和施工管理效率。恰如其分的锦标激励机制的实施，不仅能对多承包方的施工行为起到强化激励的效果，还能促进施工绩效的提高。

### 2.3.2 重大输水工程交易中实施锦标激励机制的可行性

重大输水工程交易中锦标激励机制的实施需要有一定的基础与必备条件，对锦标激励机制的可行性进行分析，为锦标激励机制在重大输水工程交易中的应用奠定基础。本书主要利用WSR方法论分析重大输水工程交易中实施锦标激励机制的可行性。

WSR方法论由中国著名系统科学家顾基发在1994年提出，是物理、事理和人理三者如何巧妙配置及有效利用以解决问题的一种系统方法论[214]。WSR方法论将研究问题看作一个系统的整体，从物理、事理和人理三个维度探讨系统的现有关系和发展规律，它不仅是一种系统的方法，也是一种分析问题的工具[215]。WSR方法论中的"物理"主要指了解"物"的含义，掌握规律并尊重真实性；"事理"主要指做事的道理，主要分析做事的理论依据；"人理"是指系统中涉及人的问题，研究如何利用行为科学、心理学和社会学等学科知识分析促使事件成功的人为因素。重大输水工程交易中实施锦标激励机制可行性分析的WSR三维模型如图2.4所示。

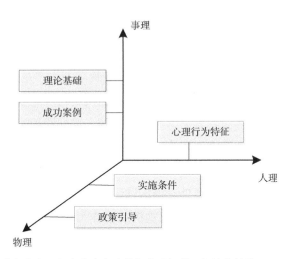

图2.4 重大输水工程交易中实施锦标激励机制可行性分析的WSR三维模型

（1）物理层面：WSR方法论中的"物理"强调尊重客观事实，即重大输水工程交易中实施锦标激励机制的环境和条件基础，主要包括实施锦标激励机制的内在条件和外部环境。

第一，锦标激励机制的实施具有有利的内在条件。重大输水工程具有工程复杂、影响因素多、线状分布、不确定性大等特征，业主通常根据其线状分布的特征将工程分成若干标段，分别进行招标选择承包人，即在重大输水工程的实施过程中，通常有多家承包方同时施工，且工作内容相似，相似的施工任务和多承包方的参与为锦标竞争的开展提供有利条件。重大输水工程交易中环境的不确定性和主体工程施工任务的相似性使得多代理人绩效之间具有可比性和学习性，也为基于相对绩效评估的锦标激励机制的实施提供有利条件。此外，为了满足建设管理的需要，重大输水工程有规范的结构分解体系，并有与此相对应的工程指标体系，以及相应的管理组织体系，这为业主有序开展锦标激励和事后绩效评价奠定基础。对于某些工程指标，如工程质量中部分指标，虽具有模糊性，但通过参赛承包方之间的两两对比，排除干扰，对他们业绩的优劣能做出较为客观的评价。在市场经济条件下，业主可利用工程合同，引导并组织工程承包方参与竞赛，锦标激励机制可在重大输水工程合同的约束下有序开展。

第二，锦标激励机制的实施具有有利的外部政策引导。产生于劳动经济学的锦标激励，是以竞赛活动为载体的激励形式。早在1933年的江西苏区根据地，我国就出现了竞赛的实践活动。中华人民共和国成立以后，以竞赛活动为主的生产方式在社会主义建设中的地位和作用逐步凸显，以竞赛活动为主要形式的锦标激励在我国的政治晋升、企业发展和生产管理中发挥着重要作用。党的十九大报告把遵循"五个坚持"作为国家发展的指导原则，为开展新时期的锦标激励指明了发展方向。通过合理化建议、集思广益、勇于创新、评先树模等方法，传播先进思想，推广先进经验，实事求是，直接推动了生产力的发展。物质激励与精神激励融于一体的锦标激励，不断坚持实事求是、解放思想、统一思想、步调一致，提倡相互学习，激励团队开动脑筋、勇于创新，这与"五个坚持"的思想相统一。锦标激励机制在重大输水工程交易中的实施具有有利的外部政策引导。

（2）事理层面：WSR方法论中的"事理"强调管理和做事的道理，即重大输水工程交易中实施锦标激励机制的道理，包括实施锦标激励机制的理论基础和可借鉴案例。

第一，锦标激励机制的实施具有完善的理论基础。锦标赛理论运用博弈论的方法研究委托代理关系，对薪酬差距的激励作用给出了合理的诠释。锦标激励是一种基于相对绩效评估的激励措施，能对多代理人产生较强的激励作用，同时减少搭便车行为，是锦标赛理论应用的具体方式。自经典的锦标赛理论提出以后，其理论模型的有效性便得到众多领域学者的证实。经过40多年的发展，锦标激励机制已作为一种激励策略在各个领域广泛应用。随着锦标赛理论的不断发展，学者尝试对现有锦标激励模型进行改进，将公平偏好理论与锦标赛理论相结合，提出更加符合实际的锦标激励理论模型，这为重大输水工程交易中锦标激励方案的设计提供理论模型基础。此外，委托代理理论、激励理论、公平偏好理论和社会比较理论等也为锦标激励机制在重大输水工程交易中的实施提供科学的理论基础。

第二，锦标激励机制的实施具有成功的借鉴案例。成功的实践案例为重大输水工程交易中锦标激励的实施提供借鉴。海文大桥是连接海南省文昌市与海口市的跨海通道，该大桥呈线状分布，全长5.597千米，总投资26.7亿元，参与大桥建设实施的承包方有若干个。

海文大桥自2015年开始施工就组织实施锦标激励机制，从大桥开始建设持续至工程结束，业主依据阶段性的工程进展及要求，坚持按月度、季度对承包方进行考核，考核方式坚持专项检查与综合检查考核相结合。业主深入现场一线了解实际情况，对参与施工的多承包方进行考核，把锦标激励落到实处。在每月度、季度劳动锦标竞赛活动中不断综合，对考核优秀的承包方团队进行物质奖励和书面表扬，对存在问题的承包方团队进行通报批评，并要求整改，形成了良好的竞争局面。最终海文大桥按时、按质、按量完成了建设工作，并于2019年正式通车。锦标激励在该大桥的建设中展现了较好的成效，对提高工程建设绩效和降低工程交易成本具有积极作用。此外，锦标激励机制还被青藏铁路、东深供水改造等工程广泛应用。前有东深供水改造工程，后有海文大桥工程，锦标激励机制在这些大型及重大工程交易中的成功实施，为其在重大输水工程交易中的应用提供了借鉴。

（3）人理层面：WSR方法论中的"人理"强调以人为根本，从行为科学和心理学等方面回答实施锦标激励的可行路径，分析锦标激励对承包方心理及行为方面的影响。

锦标激励机制通过增加多承包方公平的心理感知，起到对多承包方行为的激励。根据行为科学，重大输水工程交易中的多承包方不仅会关注自身收益，还会关注物质分配结果和行动动机的公平性，承包方的心理感受可以对其行为决策产生激励效果。锦标激励是基于相对绩效评估的激励方式，在锦标激励实施后，业主通常利用相对绩效的评价方式对多承包方进行排序，并依据排名给予相应的奖励。根据锦标激励的绩效评价原则，评价指标的选择应尽可能避免主观性强、不确定性大的指标，选择多承包方共性的指标。与线性激励机制相比，锦标激励事后的相对绩效评价机制，能排除多承包方共同因素的干扰，可以降低业主主观评价的道德风险，在不确定性较大的竞争环境中更具有公平性，在一定程度上增加多承包方公平的心理感知。这种公平性的竞争激励可以满足多承包方公平感知的心理追求，诱使多承包方付出最优的努力水平，在多承包方平行施工的重大输水工程交易中可行。

### 2.3.3 重大输水工程交易中实施锦标激励机制的进步性

在不确定性大且多承包方参与的重大输水工程交易中，运用锦标激励机制可以降低委托代理关系中信息的不对称程度，并起到对多承包方行为的协同管理和激励。与建设工程领域常用的线性激励机制相比，在重大输水工程交易中实施锦标激励机制有以下四个优势：

（1）基于承包方边际产出的排序，能有效消除多承包方受到共同冲击的影响。

在建设工程领域，对承包方激励的重要考核因素是判断其产出结果是否达到预期目标，并按照产出绩效给予相应的报酬奖励[216]。其中最普遍的做法是对比承包方实际产出绩效与既定目标的差距，并以此为依据进行激励，即以绝对绩效为评判标准的线性激励。线性激励机制的实施受环境不确定性因素、监管的可信程度和监管成本大小的影响。当不确定性因素大且监管成本较高时，选择以代理人实际产出绩效为依据的决策是不可信且没必要的[217]。锦标激励作为锦标赛理论的一个重要应用，有着严密的逻辑性和广泛适用性，消除更多外部环境不确定性因素带来的影响，使代理人的报酬与其可控因素关联是锦标激励的优势之一。在外部环境复杂的重大输水工程交易中，多承包方的平行施工给业主的监管带来巨大困难，以绝对产出绩效为依据的激励易受不确定性因素的影响，且达到精准考核的调查成本很高。锦标激励的出现很好地解决了该问题，锦标激励通过对承包方边际产出进行排序，可以剔除多承包方面临共同不确定因素的干扰，使承包方的报酬与可控指标相关联，有效消除多承包方受到共同冲击的影响，规避不确定因素和外部环境对考核结果的影响，使重大输水工程交易中的激励决策变得容易。

（2）减少业主主观评价的道德风险，提高考核结果的准确性。

在重大输水工程的激励管理中，基于绝对绩效的线性激励机制通常需要业主对每个承包方的绝对绩效产出做出准确判断。由于重大输水工程具有技术复杂、影响因素多、不确定性大的特点，多承包方的施工行为易受外部不确定环境的干扰，业主很难对多承包方的努力行为和产出绩效进行准确验证。在重大输水工程的阶段验收中，评价指标通常包括建筑物的观感质量、建筑物的质量安全等在内的定性指标，需要相关专家和工程师依靠经验和观察进行判断，不同专家得到的结果不尽相同，考核结果具有很强的主观性。采取基于相对绩效的锦标激励，可以剔除不易控制且难以观测的外部因素，专家只需对所有承包方的产出绩效进行对比打分和排序，在一定程度上克服合约不完备和承包方努力程度不可验证性所带来的道德风险问题，降低业主主观评价的误差，更精确地推断多承包方的努力程度。此外，行为科学认为多代理人会关注薪酬分配结果的公平性，且公平的心理感知在一定程度上能增加代理人的努力行为[127]。基于相对绩效评估的锦标激励机制可以很好地规避外部共同冲击对考核结果的影响，提高考核结果的准确性和公平性，增强多承包方对分配结果的公平感知，间接提高努力程度。

（3）薪酬差距带来的竞争压力，对提高多承包方的努力水平有积极作用。

基于绝对绩效的线性激励机制通常将多承包方看作是合作或独立的关系，没有综合考虑多承包方之间的产出绩效，较少考虑多承包方之间的竞争，协同管理效果不佳。锦标激励将薪酬差距带来的竞争压力引入行为激励，当委托人面临严重的信息不对称时，以产出排序为激励依据的锦标竞争可以诱使多代理人自主努力工作。允分的锦标竞争能够在重大输水工程交易中产生"优胜劣汰"的良性循环机制，多承包方在生存和竞争的压力下有提升努力行为的动机，竞争是承包方不断进步的动力[190]。锦标竞争中获胜的承包方将得到跨越式的薪酬奖励，排名在后的代理人得到较小甚至得不到奖励，薪酬差距的强竞争会带给多承包方较大的努力动力[218]。在重大输水工程交易的锦标激励中，承包方的薪酬奖励取决于产出的排序，若承包方排名靠后，即使承包方的施工任务达到了建设要求，仍得不到满意的报酬，可见在锦标激励中，薪酬的竞争机制会诱使承包方不断努力，争优争先。锦标激励的竞争激励高于一般的激励计划，这种竞争压力更能提高多承包方努力工作的积极性。

（4）锦标激励的物质和精神奖励给承包方提供不断前进的动力。

建设工程领域，线性激励制度将每个承包方看作是独立的个体，以一定的激励系数对每个承包方进行奖励，只要该承包方的产出达到或超出预期目标就能获得一定比例的奖励。在纯粹物质激励下，承包方团队工作的积极性随着可预期奖励的提高而提升，但物质奖励的不断提高，反过来会降低其工作的积极性，形成"激励悖论"。根据锦标赛理论，锦标激励将竞争机制引入重大输水工程多承包方的施工行为中，将施工任务看作是承包方之间管理能力和建设运营技术的比拼，以阶梯式等级薪酬的方式对多承包方进行物质激励，以公开表扬和颁发流动红旗等形式进行精神激励。竞争获胜的承包方在得到奖金的同时，也获得了声誉和荣誉，承包方会为了奖金和荣誉而努力工作，追求精神和物质的满足。将物质和精神激励相结合的锦标激励机制能有效预防重大输水工程交易中的"激励悖论"。此外，大数据信息化时代，良好的声誉对提升企业的市场价值有相当重要的作用，越来越多的承包方团队注重自身声誉的形成和培养，充分的竞争和信息传递机制是承包方企业声誉形成的重要条件。重大输水工程交易中，充分的锦标竞争为承包方良好声誉的形成提供条件，且每一周期的评比都意味着新一轮竞赛的开始，每一轮的比拼都是承包方获得声誉和高薪酬的机会，锦标激励的物质奖励和精神激励为承包方提供不断前进的动力。

# 重大输水工程交易中实施锦标激励的演化博弈分析

建设工程项目目标的实现程度主要取决于业主与承包方两类群体的博弈，演化博弈理论能够生动地描述业主和承包方之间的活动规律，探寻博弈主体之间的行为决策演化趋势[219]。本章利用演化博弈论的方法，构建了重大输水工程交易中实施锦标激励的演化博弈模型，分析锦标激励下业主与多承包方的行为策略选择，探究业主与多承包方之间的行为演化规律和影响因素，寻找实现系统最优的路径选择，为业主制定相关的锦标激励方案提供策略基础。

## 3.1　重大输水工程交易中锦标激励的作用机理分析

本节首先对重大输水工程交易中业主与多承包方之间的委托代理关系进行分析；其次，介绍重大输水工程交易中实施锦标激励的目标和内容；最后，探讨锦标激励在重大输水工程交易中的作用机理。

### 3.1.1　业主与多承包方的委托代理关系分析

业主通常针对重大输水工程线状分布的特点，将其在空间上分成若干段，或将主要单体建筑物作为建设的基本单元，分别通过市场进行发包，委托多个承包方团队进行施工。业主通过合同的方式，将项目的质量、进度和安全等施工任务委托给多个承包方执行，业主与每个承包方以合同为纽带形成委托代理关系[220]。重大输水工程交易中业主与多承包方之间的委托代理关系分析如下：

（1）业主的所有权与承包方的控制权相分离。重大输水工程通常涉及复杂的建设技术、特殊的施工工艺，其建设过程是施工组织和工程环境的有机结合，随着社会经济的发展和技术的进步，重大输水工程的建设要求越来越高。由于专业和技术的限制，业主很难独立完成重大输水工程的建设任务，通常通过招标的方式选择多个承包方来实施建设任务。在委托代理合同中，业主授予各个承包方施工任务的控制权，承包方在实施过程中拥有工程建设的控制权力，工程建设完成后将其移交给业主，业主拥有工程最终的所有权，业主的所有权与承包方的控制权相分离[221]。

（2）业主和承包方之间的利益诉求不同[24]。在重大输水工程的交易中，业主和承包方之间存在利益冲突，双方具有不同的利益诉求。其中，业主寻求工程利益最大化，即重大输水工程质量、进度和安全等目标的最佳组合；而承包方是追求自身利益最大化，在重大输水工程的交易中，"经济人"假设的承包方，存在采取投机行为的动机，不会过多考虑工程或业主利益，在具有信息优势的情况下，可能会采取一些与工程或业主利益背道而驰的行动，以追求更高的投资回报率，即利润[222]。

（3）业主与承包方之间存在严重的信息不对称。在重大输水工程交易中，作为委托人的业主与作为代理人的承包方之间的信息是不对等的。在交易过程中，承包方拥有较多的建设信息，且承包方的建设管理水平、施工能力和人员素质等均为私有信息。由于业主处于信息劣势，承包方建设过程中选用材料的质量、施工努力程度和施工管理等信息业主无法获得。承包方在掌握大量重要建设信息的情况下，很有可能会利用信息优势，不考虑业主的利益，选择对自身有利的行动，如偷工减料、恶意降低工程质量标准、使项目质量处于合格与不合格的灰色地带等，严重影响工程项目目标的实现[223]。

（4）代理结果的不确定性。一方面，重大输水工程具有施工范围广、建设周期长、外部环境多变等特征，施工过程中充满了不确定性，由于认知的有限性，制定的合同条款无法提前规定未来不可预见的事情，不可能涵盖所有未来发生事件的具体解决条款，重大输水工程本身和交易过程的复杂性和不确定性造成了业主与承包方之间合同条款的不完备性，这给代理结果带来了较大的不确定性；另一方面，由于交易的不可预见性，业主很难用明晰的合同语言将双方的权利和义务划分清楚，在合同中总会包含着某些不足或者被遗漏的情况。当业主与承包方之间出现利益矛盾，且合同中没有明确规定时，合同条款难以发挥作用，这可能会造成交易双方关系的破裂，造成代理结果的不确定性。

在重大输水工程的实施过程中，作为委托方的业主与作为代理方的多承包方发生交易，根据业主与多承包方之间的委托代理关系分析可知，由于业主与多承包方之间的信息不对称和利益诉求不一致，具有信息优势的多承包方可能会采取隐藏行动的机会主义行为。根据委托代理理论，解决业主与多承包方之间事后代理问题的关键在于业主设计一个合理的锦标激励机制对多承包方的建设行为进行激励，以确保多承包方在追求自身利益最大化的同时，最大程度地兼顾业主利益，从而避免多承包方机会主义行为的发生。

### 3.1.2 锦标激励的目标及内容

重大输水工程交易中实施锦标激励的总体目标是通过设计合理的锦标激励机制，以实现重大输水工程建设绩效的提升。实施锦标激励的具体目标是指业主通过采取阶梯式奖金的激励手段，抑制多承包方的机会主义行为，调动多承包方在施工质量、进度和安全目标上努力工作的积极性，以达到重大输水工程建设质量、进度和安全等的最优组合，促进重大输水工程建设绩效的提升。鉴于承包方具有控制工程成本的驱动力，因此，业主在对承包方实施激励时不考虑对成本控制的激励。

本节从锦标激励的主客体、锦标激励的强度、锦标激励的手段和锦标激励的形式等四个方面分析重大输水工程交易中锦标激励的内容。

#### 1. 锦标激励的主客体

重大输水工程交易中实施锦标激励的主体是重大输水工程交易的委托方，主要指项目法人，本书用业主代指；锦标激励的客体是代理方，指重大输水工程交易过程中平行施工的多承包方。

### 2. 锦标激励的强度

锦标激励的强度主要指激励主体如何在有限的资金内，合理安排不同等级的奖励，使锦标激励的效果发挥最佳。锦标激励强度过大或过小都会影响激励的效果，应该根据锦标激励的需求设计合理的激励强度，本书根据锦标激励模型对重大输水工程交易中不同排名承包方的锦标激励强度进行设计。

### 3. 锦标激励的手段

从激励理论的角度出发，激励的手段主要包括正激励和负激励[225]。正激励是激励主体利用正向的、积极的手段鼓励激励客体朝着激励目标努力；负激励是激励主体利用负向的、消极的手段阻止激励客体采取某种行动。重大输水工程交易中的锦标激励主要采取正激励的手段，通过实施阶梯式正向奖励的方式，鼓励多承包方的行为朝着激励目标努力。

### 4. 锦标激励的形式

在正激励中，激励的形式主要包括：物质激励、精神激励和情感激励。重大输水工程交易中的锦标激励主要采取物质和精神激励相结合的方式，物质激励主要指以奖金为主要形式的激励；精神激励包括公开表扬和颁发流动红旗等。根据锦标赛理论的分析可知，锦标激励可以实现代理人对物质的追求和精神的满足感。重大输水工程交易中的锦标激励通过设置不同等级的奖金分配方式对多承包方进行物质激励，满足承包方的经济需求，并对获胜的承包方以公开表扬和颁发流动红旗等形式进行精神激励。

综上所述，重大输水工程交易中的锦标激励内容如图3.1所示。

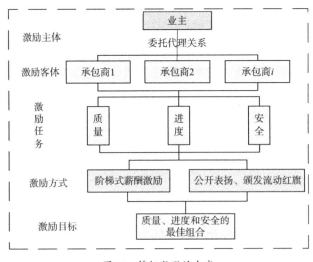

图3.1 锦标激励的内容

### 3.1.3 锦标激励的作用机理

根据激励理论，锦标激励是从目标的设置开始，在设计好合理的激励目标之后，通过对多承包方的心理动机及行为分析，进行合理的锦标激励条款设计。在重大输水工程复杂的施工环境中，多承包方的施工行为选择具有很大的不确定性，业主通过设计科学的锦标激励方案，对承包方施工行为进行控制和协调，以达到对多承包方行为激励的效果。在重大输水工程交易的锦标激励中，业主（激励主体）与多承包方（激励客体）相互作用、相互联系的过程可以理解为控制论的"黑匣子"理论。

在业主与多承包方签订委托代理合同后，重大输水工程将进入建设期，其建设效果主要取决于多承包方的建设和管理。然而，由于业主和多承包方之间的信息不对称，多承包方拥有足够的信息，具有采取机会主义行为的倾向，而业主掌握的信息较少，无法完全掌握承包方的建设行为和努力程度，只能根据多承包方的施工绩效来判断，承包方的建设和管理工作像被困在"黑匣子"中一样（图3.2）。业主对多承包方实施的锦标激励计划是打开重大输水工程多承包方施工"黑匣子"的关键，通过向"黑匣子"输入锦标激励措施，业主可能会获得有关重大输水工程项目建设绩效的理想信息，否则，多承包方将无法充分发挥其实际能力来落实重大输水工程的建设指标。因此，打开重大输水工程施工"黑匣子"的重点在于业主设计科学的锦标激励机制来激励多承包方，从而防止多承包方机会主义行为的发生。

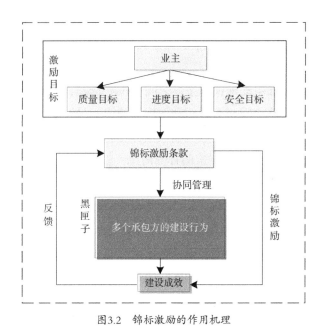

图3.2 锦标激励的作用机理

根据行为科学理论可知，重大输水工程交易中锦标激励作用的发挥，不仅仅依赖于相对绩效的阶梯式物质激励，使多承包方建立一种相互排斥、高度紧张的竞争关系，还可以通过竞争后的社会比较和公平感知等获得精神的满足，使承包方之间形成相互追赶、不断超越的协作关系，通过将物质激励与精神激励相结合来改变多承包方的施工行为。在锦标激励机制实施后，多承包方通过识别—感知—学习—选择这一系列的内在心理过程，在复杂的行为控制和协调下，选择施工努力行为，施工努力行为最终也会反映在建设成效上。根据"黑匣子"理论，重大输水工程交易中锦标激励的作用机理如图3.2所示。

## 3.2　锦标激励情境下博弈主体的行为分析

### 3.2.1　博弈模型的适用性分析

演化博弈论和决策理论是冲突治理常用的方法，经济学家和管理学家们发现，在一切社会关系和管理活动背后的人类行为中包含着丰富的博弈关系，即多个利益职能主体之间相互作用的关系[225]。与经典博弈论不同的是，演化博弈论将博弈理论与动态演化过程结合起来，不仅关注行为主体博弈的稳定策略，还加入动态机制来探讨博弈系统的稳定结构与研究过程之间的关系。演化博弈论认为，博弈主体的决策水平和判断能力会受到信息掌握程度和自身素质的影响，演化博弈中的博弈主体均是有限理性的[226]。在博弈过程中，种群策略始终为博弈双方的占优策略，会被博弈主体通过不断模仿、学习和改进达到一个稳定均衡状态，即通过反复试错达到均衡，是一个复杂过程[227]。演化博弈理论认为种群策略是博弈双方的占优策略，可以消除小群体变异策略的影响，并在种群中不断传播和扩展[17]。

演化博弈模型可以更加生动地模拟主体之间的策略选择，探讨行为主体之间的行为演化方式，挖掘主体不同策略之间相互制约和作用的规律，最终形成可行的解决方案，所得结论在实践中具有很强的指导作用。重大输水工程交易中锦标激励的作用过程就是业主和承包方演化博弈的过程，通过施加一定的外部激励，改变行为主体选择不同策略的收益，促使双方的策略向着对总体目标有利的方向演化，最终达到一种满足激励目标的均衡状态。在具体实践中，重大输水工程的交易过程是业主与承包方之间的博弈过程，业主与多承包方在博弈过程中均会不断调整其决策，符合演化博弈理论。根据演化博弈理论可知，业主和多个承包方在博弈过程中均为有限理性，博弈双方通过不断模仿、学习其他主体的行为，挖掘主体行为决策之间相互制约和作用的规律，最终达到系统稳定的均衡状态，业主和承包方之间的博弈是一个复杂渐进的过程。此外，预期收益影响主体的行为选择，合理分析系统达到稳定均衡的条件，对规范承包方行为有一定的指导意义。通过相关文献发现，演化博弈理论被广泛应用于建设市场主体（比如业主、承包方、监理单位等）行为的博弈分析和决策策略中，其适用性得到广泛验证[64]。

因此，本书基于演化博弈理论，对锦标激励下重大输水工程交易中业主与多承包方的行为策略选择进行分析，探究影响各主体行为的关键因素，寻找整个系统共赢的策略组合，为业主制定相关的锦标激励方案提供策略基础。

### 3.2.2 业主行为分析

业主代表重大输水工程的发包方，且作为重大输水工程实施的主导者和监管者，对工程建设的决策直接影响着工程的交易过程。业主将重大输水工程的建设职能"委托"给具有专业技能的承包方，其自身则专注于管理和监督的职能，并确保重大输水工程的顺利完工。重大输水工程外部环境及实施主体行为的不确定性凸显了监管的重要性，在实施锦标激励条件下，业主可以在有限信息下选择投入更多的精力对多个承包方的施工行为进行监管。业主也可以在满足相关监管要求后，采取不过多投入监管成本的方式进行监管，业主的行为策略集为"监管，弱监管"[10]。

业主的"监管"策略是指在重大输水工程的交易中，业主加大监管力度，通过增加监管人力、物力和财力投入等措施对多承包方的施工行为进行监督和管理；业主的"弱监管"策略是指在满足水利部《水利工程建设项目法人管理指导意见》规定的相关建设管理要求后，采取不过多投入监管成本和监管力度的监管方式。

### 3.2.3 多承包方行为分析

根据业主与承包方的委托代理关系分析，在重大输水工程的交易中，业主通常将工程的质量、进度和安全等施工任务委托给多个承包方执行，多承包方在工程交易中拥有对工程进行建设的控制权，多承包方会按照委托代理合同的要求和市场规律，选择建设行为。根据委托代理理论可知，多承包方作为理性的"经济人"，以追求自身利益最大化为目标，且在施工过程中掌握较多的施工信息，可能会为了自身利益隐瞒施工过程的主要信息，具有采取机会主义的投机行为倾向。多承包方选择何种建设行为取决于业主的激励和监管，若业主的锦标激励政策满足其自身利益需求且有利于企业的声誉和形象发展，承包方会选择在质量、进度和安全上努力工作。因此，多承包方的行为策略集为"努力，投机"。

承包方的"努力"行为策略指该承包方在重大输水工程交易中，会从业主及工程利益出发，在施工的质量、进度和安全上选择积极努力且诚信的工作行为；承包方的"投机"行为策略是指该承包方在重大输水工程交易中，会为了追求自身利益最大化，利用对自己有利的信息，采取敲竹杠、弄虚作假、偷工减料等机会主义行为。值得注意的是，承包方工作期间但凡不努力工作，都被认为是"投机"行为。

## 3.3 锦标激励情境下业主与多承包方的演化博弈分析

在重大输水工程交易中，为了抑制多承包方的隐藏行动的投机行为，业主可以设计一个合理的锦标激励制度对多承包方的建设行为进行激励，促使多承包方选择对业主有利的行动。因此，本节基于演化博弈理论，构建锦标激励情境下重大输水工程交易中业主与多承包方的演化博弈模型，探讨业主与多承包方的行为演化方式，分析影响博弈主体行为选择的关键因素，寻找系统的最优稳定策略。

### 3.3.1 博弈模型的规划设计与基本假设

根据重大输水工程交易中博弈主体的行为分析发现，多承包方的行为决策策略集均为"努力，投机"。业主在有限信息下选择对多承包方的施工行为实施监管或弱监管措施，业主的行为策略集为"监管，弱监管"。业主在监管多承包方的施工行为时，通过设计合理的锦标激励制度（细化合同激励条款）配合监管措施，激励多承包方诚信且努力地工作。

规则设计1：在重大输水工程的交易中，业主和承包方均是有限理性的，都追求自身利益最大化，他们不会在一次博弈中找到最优策略，而是在多次博弈中通过模仿、学习等方式调整自身的策略和行为，最终选择最优的行为策略。遵循经典的LR锦标激励模型的分析方法又不失一般性，在重大输水工程交易中假定有两个承包方 $i$（ $i$=1，2）参与锦标竞争。本演化博弈模型有三个博弈主体：业主、承包方1和承包方2，承包方1和承包方2之间平行施工，可以认为两者之间的工作是相互独立的，不存在交互行为。值得注意的是，当参与竞争的承包方数量大于2（ $i$>2）时，博弈模型的分析可以通过增加收益矩阵的阶数来实现，分析过程与两个承包方参与竞争时相同（博弈分析过程见附录A）。

规则设计2：根据工程实践可知，在重大输水工程的交易中，业主对多承包方是一视同仁的，对两者的决策策略是相同的。根据业主的博弈行为分析结果，假定业主采取"监管"策略的概率为 $x$（ $0 \leqslant x \leqslant 1$），则业主选择"弱监管"策略的概率为 $1-x$。业主选择"监管"策略时，所花费的人力、物力的监管成本为 $c_0$，与"监管"策略相比，业主选择"弱监管"的成本可以忽略不计[62]。

规则设计3：承包方1选择"努力"行为策略的概率为 $y$（ $0 \leqslant y \leqslant 1$），则承包方1选择"投机"行为策略的概率为 $1-y$；承包方2选择"努力"行为策略的概率为 $z$（ $0 \leqslant z \leqslant 1$），选择"投机"行为策略的概率为 $1-z$。承包方1在"努力"行为策略下获得收益为 $\pi_1$；承包方2在"努力"行为策略下获得收益为 $\pi_2$。在承包方1正常工作情况下，业主获得的收益为 $R_1$；在承包方2正常工作情况下，业主获得的收益为 $R_2$。

规则设计4：市场经济环境下，承包方的行为受到自身利益最大化动机的驱动，可能存在采取"投机"行为的动机。当承包方1选择"投机"行为策略时，会利用关键信息谋取利益，获得的额外收益为 $D_1$；承包方2在"投机"行为策略下，利用关键信息获得的额外收益为 $D_2$。若业主加大监管力度，就会发现承包方的"投机"行为，此时，在业主选择"监管"策略下，承包方1采取"投机"行为获得的额外收益降为 $uD_1$（ $0 \leqslant u \leqslant 1$），承包方2采取"投机"行为获得的额外收益降为 $uD_2$（ $0 \leqslant u \leqslant 1$）。

规则设计5：当业主选择对M—DBB平行交易下多承包方进行锦标激励时，承包方1和承包方2将展开锦标竞赛，在双方均采取"努力"行为的策略下，业主给予获胜承包方的奖励为$W_H$，给予失败承包方的奖励为$W_L$（$W_H > W_L$），$\Delta W$（$\Delta W = W_H - W_L$）是锦标激励差额。在锦标激励条件下，当两个承包方均选择诚信地努力工作时，工程的质量、进度和安全等会因承包方努力工作得到改善，业主的收益得到提高。因此，业主因获胜承包方努力工作而获得的额外收益为$O_1$，因失败承包方的努力工作而获得的收益为$O_2$。在业主选择"监管"的策略下，锦标竞争获胜的承包方因努力工作获得良好声誉、业主信任和自身满足感等精神激励，精神激励带来的潜在收益为$F_1$；锦标竞争失败的承包方因努力工作获得精神激励所带来的潜在收益为$F_2$。

规则设计6：根据行为理论可知，在业主实施锦标激励时，多承包方会关心奖金分配结果的公平性，具有公平偏好心理倾向[96]。FS公平偏好模型认为，当获胜承包方的物质收益高于其他承包方时，将产生积极的自豪偏好。相反，若承包方的物质收益低于其他承包方时，将产生消极的嫉妒偏好[228]。在考虑公平偏好的锦标激励中，$\partial$是获胜承包方在锦标竞争中获胜的自豪偏好，$0 < \partial < 1$，$\partial \Delta W$是获胜承包方在锦标竞争中获胜而获得自豪偏好的正边际效用；$\delta$是失败承包方在锦标竞争中失利的嫉妒偏好，$0 < \delta < 1$，$\delta \Delta W$是失败承包方在锦标竞争中失利而获得的嫉妒偏好的负边际效用。

规则设计7：在业主选择"监管"的策略下，若承包方1采取"投机"行为，则会因为"投机"行为被惩罚，罚金为$v_1$；承包方2因"投机"行为而被惩罚的罚金为$v_2$。

综上所述，博弈模型参数假设及说明如表3.1所示。

**博弈模型参数假设及说明**　　　　　　　　　　　　　　表3.1

| 序号 | 变量 | 变量说明 |
|------|------|----------|
| 1 | $x$ | 业主选择"监管"策略的概率为$x$，选择"弱监管"的概率为$1-x$，$0 \leqslant x \leqslant 1$ |
| 2 | $y$ | 承包方1选择"努力"行为的概率为$y$，选择"投机"的概率为$1-y$，$0 \leqslant y \leqslant 1$ |
| 3 | $z$ | 承包方2选择"努力"行为的概率为$z$，选择"投机"的概率为$1-z$，$0 \leqslant z \leqslant 1$ |
| 4 | $\pi_1$ | 承包方1"努力"行为获得的收益 |
| 5 | $\pi_2$ | 承包方2"努力"行为获得的收益 |
| 6 | $R_1$ | 业主在承包方1正常工作情况下获得的收益 |
| 7 | $R_2$ | 业主在承包方2正常工作情况下获得的收益 |
| 8 | $c_0$ | 业主的监管成本 |
| 9 | $D_1$ | 承包方1选择"投机"行为时，利用关键信息谋取利益获得的额外收益 |
| 10 | $D_2$ | 承包方2选择"投机"行为时，利用关键信息谋取利益获得的额外收益 |
| 11 | $uD_1$ | 业主监管到承包方1"投机"行为情况下，承包方1的额外收益，$0 \leqslant u \leqslant 1$ |
| 12 | $uD_2$ | 业主监管到承包方2"投机"行为情况下，承包方2的额外收益，$0 \leqslant u \leqslant 1$ |

| 序号 | 变量 | 变量说明 |
|---|---|---|
| 13 | $W_H$ | 业主对获胜承包方的奖励 |
| 14 | $W_L$ | 业主对失败承包方的奖励 |
| 15 | $\Delta W$ | 锦标激励差额，$\Delta W = W_H - W_L$ |
| 16 | $O_1$ | 锦标激励条件下，业主因获胜承包方努力工作获得的额外收益 |
| 17 | $O_2$ | 锦标激励条件下，业主因失败承包方努力工作获得的额外收益 |
| 18 | $F_1$ | 获胜承包方因努力工作获得良好声誉、业主信任和自身满足感等所带来的潜在收益 |
| 19 | $F_2$ | 失败承包方因努力工作获得良好声誉、业主信任和自身满足感等所带来的潜在收益 |
| 20 | $\partial$ | 获胜承包方在锦标竞争中获胜的自豪偏好 |
| 21 | $\partial \Delta W$ | 获胜承包方在锦标竞争中获胜而获得自豪偏好的正边际效用 |
| 22 | $\delta$ | 失败承包方在锦标竞争中失利的嫉妒偏好 |
| 23 | $\delta \Delta W$ | 失败承包方在锦标竞争中失利而获得嫉妒偏好的负边际效用 |
| 24 | $v_1$ | 锦标激励条件下，承包方1被业主监管到"投机"行为而受到的惩罚 |
| 25 | $v_2$ | 锦标激励条件下，承包方2被业主监管到"投机"行为而受到的惩罚 |

### 3.3.2 博弈模型的构建与稳定性分析

在业主实施锦标激励情境下，业主和M—DBB平行交易条件下两个承包方的博弈策略包括8个策略组合，其策略空间$K=\{$监管，努力，努力$\}$、$\{$监管，努力，投机$\}$、$\{$监管，投机，努力$\}$、$\{$监管，投机，投机$\}$、$\{$弱监管，努力，努力$\}$、$\{$弱监管，努力，投机$\}$、$\{$弱监管，投机，努力$\}$、$\{$弱监管，投机，投机$\}$。假定在锦标激励条件下，承包方1在锦标竞争中获胜，承包方2在锦标竞争中失败。值得注意的是，一旦承包方在锦标激励中被发现"投机"行为，不管获胜与否都将取消对其的奖励。在实施锦标激励条件下，业主和两个承包方的策略选择收益矩阵如表3.2所示。

锦标激励条件下"业主—承包方1—承包方2"三方博弈的收益矩阵　　　　表3.2

| 策略组合 | 业主 | 获胜承包方1 | 失败承包方2 |
|---|---|---|---|
| 监管，努力，努力 | $R_1+R_2-W_H-W_L-c_0+O_1+O_2$ | $\pi_1+W_H+F_1+\partial\Delta W$ | $\pi_2+W_L+F_2-\delta\Delta W$ |
| 监管，努力，投机 | $R_1+R_2+O_1-uD_2-W_H-c_0$ | $\pi_1+W_H+F_1+\partial\Delta W$ | $\pi_2+uD_2-v_2$ |
| 监管，投机，努力 | $R_1+R_2+O_2-uD_1-W_L-c_0$ | $\pi_1+uD_1-v_1$ | $\pi_2+W_L+F_2-\delta\Delta W$ |
| 监管，投机，投机 | $R_1+R_2-uD_1-uD_2-c_0$ | $\pi_1+uD_1-v_1$ | $\pi_2+uD_2-v_2$ |
| 弱监管，努力，努力 | $R_1+R_2-W_H-W_L+O_1+O_2$ | $\pi_1+W_H+\partial\Delta W$ | $\pi_2+W_L-\delta\Delta W$ |

| 策略组合 | 业主 | 获胜承包方1 | 失败承包方2 |
|---|---|---|---|
| 弱监管，努力，投机 | $R_1+R_2+O_1-D_2-W_H$ | $\pi_1+W_H+\partial\Delta W$ | $\pi_2+D_2$ |
| 弱监管，投机，努力 | $R_1+R_2+O_2-D_1-W_L$ | $\pi_1+D_1$ | $\pi_2+W_L-\delta\Delta W$ |
| 弱监管，投机，投机 | $R_1+R_2-D_1-D_2$ | $\pi_1+D_1$ | $\pi_2+D_2$ |

### 1. 业主的复制动态分析

有限理性的博弈群体在博弈开始时并不会直接做出最优策略选择，但是在连续的随机博弈中，博弈主体会不断学习较高收益方的行为策略，并不断调整自己的策略选择，使自身收益最大化。因此连续不断地学习和调整的过程就是演化博弈的过程，最终的策略选择就是演化系统均衡策略[229]。由于三个博弈主体为有限理性的行为策略选择会随着时间变化，所以博弈主体在博弈中会不断调整自己的策略，最终达到一个稳定状态。根据博弈模型的求解方法，建立业主选择"监管"策略下的复制动态方程式，并予求解。

根据表3.2求出业主选择"监管"策略和"弱监管"策略的期望收益。业主选择"监管"策略的期望收益为$E_x$；选择"弱监管"策略的期望收益为$E_{1-x}$；业主的平均收益为$\overline{E_x}$，计算结果如下所示：

$$E_x=yz(R_1+R_2-W_H-W_L-c_0+O_1+O_2)+y(1-z)(R_1+R_2+O_1-uD_2-W_H-c_0)$$
$$+(1-y)z(R_1+R_2+O_2-uD_1-W_L-c_0)+(1-y)(1-z)(R_1+R_2-uD_1-uD_2-c_0) \quad (3.1)$$
$$=yO_1+zO_2+yuD_1+zuD_2-yW_H-W_L+R_1+R_2-uD_1-uD_2-c_0$$

$$E_{1-x}=yz(R_1+R_2-W_H-W_L+O_1+O_2)+y(1-z)(R_1+R_2+O_1-D_2-W_H)$$
$$+(1-y)z(R_1+R_2+O_2-D_1-W_L)+(1-y)(1-z)(R_1+R_2-D_1-D_2) \quad (3.2)$$
$$=yD_1+zD_2+yO_1+zO_2-yW_H-zW_L+R_1+R_2-D_1-D_2$$

$$\overline{E_x}=x(yO_1+zO_2+yuD_1+zuD_2-yW_H-zW_L+R_1+R_2-uD_1-uD_2-c_0)$$
$$+(1-x)(yD_1+zD_2+yO_1+zO_2-yW_H-zW_L+R_1+R_2-D_1-D_2) \quad (3.3)$$

由公式（3.1）、公式（3.2）、公式（3.3）构造业主"监管"策略下的复制动态方程为：

$$f(x)=\frac{dx}{dt}=x(E_x-\overline{E_x})$$
$$=x(1-x)[y(zO_1+D_1+uD_1-2W_H) \quad (3.4)$$
$$+z(2O_2+D_2+uD_2-2W_L)+2R_1+2R_2-c_0-uD_1-uD_2-D_1-D_2]$$

根据微分方程的稳定性定理与演化稳定策略的性质，业主演化稳定策略的必要条件是$df(x)/d(x)<0$[230]。因此，可以得出以下分析结果：当$y=[(1+u)(D_1+D_2)+c_0-2(R_1+R_2)-z(2O_2+D_2+uD_2-2W_L)]/(zO_1+D_1+uD_1-2W_H)$时，则$f(x)\equiv0$，对于任意$x$均处于均衡状态。当$y\neq[(1+u)(D_1+D_2)+c_0-2(R_1+R_2)-z(2O_2+D_2+uD_2-2W_L)]/(zO_1+D_1+uD_1-2W_H)$时，令$f(x)=0$可求得，$x=0$，$x=1$为$x$的两个稳定均衡状态。此时存在以下两种情况：

（1）当$y>[(1+u)(D_1+D_2)+c_0-2(R_1+R_2)-z(2O_2+D_2+uD_2-2W_L)]/(zO_1+D_1+uD_1-2W_H)$时，$\mathrm{d}f(x)/\mathrm{d}(x)|_{x=1}<0$，$\mathrm{d}f(x)/\mathrm{d}(x)|_{x=0}>0$，所以$x=1$是局部渐进平衡点，$x=0$是非局部渐进平衡点，此时，业主倾向选择"监管"行为策略。

（2）当$y<[(1+u)(D_1+D_2)+c_0-2(R_1+R_2)-z(2O_2+D_2+uD_2-2W_L)]/(zO_1+D_1+uD_1-2W_H)$时，$\mathrm{d}f(x)/\mathrm{d}(x)|_{x=1}>0$，$\mathrm{d}f(x)/\mathrm{d}(x)|_{x=0}<0$，所以$x=0$是局部渐进平衡点，$x=1$是非局部渐进平衡点。此时，业主倾向选择"弱监管"行为策略。

依据上述博弈均衡分析，业主在不同情况下的演化路径如图3.3所示。

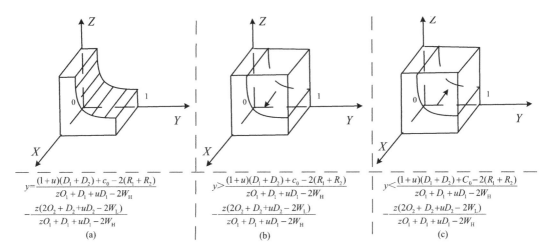

图3.3　业主在不同情况下的演化路径

### 2. 承包方1的复制动态分析

根据表3.2求出承包方1选择"努力"行为策略的期望收益和选择"投机"行为策略的期望收益。承包方1选择"努力"行为策略的期望收益为$E_y$；选择"投机"行为策略的期望收益为$E_{1-y}$；承包方1的平均收益为$\overline{E_y}$，计算结果如下所示：

$$
\begin{aligned}
E_y &= xz(\pi_1+W_H+F_1+\partial\Delta W)+x(1-z)(\pi_1+W_H+F_1+\partial\Delta W)\\
&\quad +(1-x)z(\pi_1+W_H+\partial\Delta W)+(1-x)(1-z)(\pi_1+W_H+\partial\Delta W)\\
&= xF_1+\pi_1+W_H+\partial\Delta W
\end{aligned}
\tag{3.5}
$$

$$
\begin{aligned}
E_{1-y} &= xz(\pi_1+uD_1-v_1)+x(1-z)(\pi_1+uD_1-v_1)+(1-x)z(\pi_1+D_1)\\
&\quad +(1-x)(1-z)(\pi_1+D_1)\\
&= \pi_1+D_1+x(uD_1-D_1-v_1)
\end{aligned}
\tag{3.6}
$$

$$
\overline{E_y}=y(xF_1+\pi_1+W_H+\partial\Delta W)+(1-y)[\pi_1+D_1+x(uD_1-D_1-v_1)]
\tag{3.7}
$$

承包方1选择"努力"行为策略下的复制动态方程为：

$$
\begin{aligned}
f(y) &= \frac{\mathrm{d}y}{\mathrm{d}t}=y(E_y-\overline{E_y})\\
&= y(y-1)[D_1+2\pi_1+W_H+\partial\Delta W+x(uD_1+F_1-D_1-v_1)]
\end{aligned}
\tag{3.8}
$$

由于承包方1演化稳定策略的必要条件是$\mathrm{d}f(y)/\mathrm{d}(y)<0$，因此可以得出以下分析结果：当$x=(D_1+2\pi_1+W_\mathrm{H}+\partial\Delta W)/(D_1+v_1-uD_1-F_1)$时，则$f(y)\equiv0$，对于任意$y$均处于均衡状态。当$x\neq(D_1+2\pi_1+W_\mathrm{H}+\partial\Delta W)/(D_1+v_1-uD_1-F_1)$时，令$f(y)=0$可求得，$y=0$，$y=1$为$y$的两个稳定均衡状态。此时存在以下两种情况：

（1）当$x>(D_1+2\pi_1+W_\mathrm{H}+\partial\Delta W)/(D_1+v_1-uD_1-F_1)$时，$\mathrm{d}f(y)/\mathrm{d}(y)|_{y=1}<0$，$\mathrm{d}f(y)/\mathrm{d}(y)|_{y=0}>0$，所以$y=1$是局部渐进平衡点，$y=0$是非局部渐进平衡点。此时，在锦标竞争中获胜的承包方1倾向选择"努力"行为策略。

（2）当$x<(D_1+2\pi_1+W_\mathrm{H}+\partial\Delta W)/(D_1+v_1-uD_1-F_1)$时，$\mathrm{d}f(y)/\mathrm{d}(y)|_{y=1}>0$，$\mathrm{d}f(y)/\mathrm{d}(y)|_{y=0}<0$，所以$y=0$是局部渐进平衡点，$y=1$是非局部渐进平衡点。此时，在锦标竞争中获胜的承包方1倾向选择"投机"行为策略。

依据上述博弈均衡分析，在锦标竞争中获胜的承包方1在不同情况下的演化路径如图3.4所示。

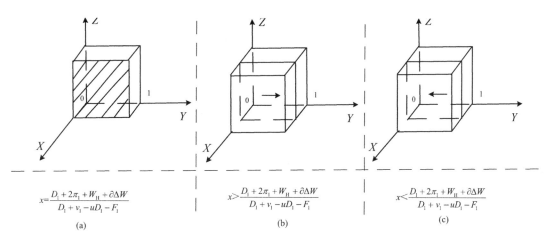

图3.4 承包方1在不同情况下的演化路径

### 3. 承包方2的复制动态分析

根据表3.2求出承包方2选择"努力"行为策略的期望收益和选择"投机"行为策略的期望收益。承包方2选择"努力"行为策略的期望收益为$E_z$；选择"投机"行为策略的期望收益为$E_{1-z}$；承包方2的平均收益为$\overline{E_z}$，计算结果如下所示：

$$E_z=xy(\pi_2+W_\mathrm{L}+F_2-\delta\Delta W)+x(1-y)(\pi_2+W_\mathrm{L}+F_2-\delta\Delta W)$$
$$+(1-x)y(\pi_2+W_\mathrm{L}-\delta\Delta W)+(1-x)(1-y)(\pi_2+W_\mathrm{L}-\delta\Delta W) \quad (3.9)$$
$$=xF_2+\pi_2+W_\mathrm{L}-\delta\Delta W$$

$$E_{1-z}=xy(\pi_2+uD_2-v_2)+x(1-y)(\pi_2+uD_2-v_2)+(1-x)y(\pi_2+D_2)+(1-x)(1-y)(\pi_2+D_2)$$
$$=\pi_2+D_2+x(uD_2-D_2-v_2) \quad (3.10)$$

$$E_z=z(xF_2+\pi_2+W_\mathrm{L}-\delta\Delta W)+(1-z)[\pi_2+D_2+x(uD_2-D_2-v_2)] \quad (3.11)$$

承包方2选择"努力"行为策略下的复制动态方程为：

$$f(z) = \frac{\mathrm{d}z}{\mathrm{d}t} = z(E_z - \overline{E_z})$$
$$= z(z-1)[D_2 + 2\pi_2 + W_L - \delta\Delta W + x(uD_2 + F_2 - D_2 - v_2)] \quad (3.12)$$

由于承包方2演化稳定策略的必要条件是$\mathrm{d}f(z)/\mathrm{d}(z)<0$，因此可以得出以下分析结果：当$x=(D_2+2\pi_2+W_L-\delta\Delta W)/(D_2+v_2-uD_2-F_2)$时，则$f(z)\equiv 0$，对于任意$z$均处于均衡状态。当$x\neq(D_2+2\pi_2+W_L-\delta\Delta W)/(D_2+v_2-uD_2-F_2)$时，令$f(z)=0$可求得，$z=0$，$z=1$为$z$的两个稳定均衡状态。此时存在以下两种情况：

（1）当$x>(D_2+2\pi_2+W_L-\delta\Delta W)/(D_2+v_2-uD_2-F_2)$时，$\mathrm{d}f(z)/\mathrm{d}(z)|_{z=1}<0$，$\mathrm{d}f(z)/\mathrm{d}(z)|_{z=0}>0$，所以$z=1$是局部渐进平衡点，$z=0$是非局部渐进平衡点。此时，在锦标竞争中失败的承包方2倾向选择"努力"行为策略。

（2）当$x<(D_2+2\pi_2+W_L-\delta\Delta W)/(D_2+v_2-uD_2-F_2)$时，$\mathrm{d}f(z)/\mathrm{d}(z)|_{z=1}>0$，$\mathrm{d}f(z)/\mathrm{d}(z)|_{z=0}<0$，所以$z=0$是局部渐进平衡点，$z=1$是非局部渐进平衡点。此时，在锦标竞争中失败的承包方2倾向选择"投机"行为策略。

依据上述博弈均衡分析，在锦标竞争中失败的承包方2在不同情况下的演化路径如图3.5所示。

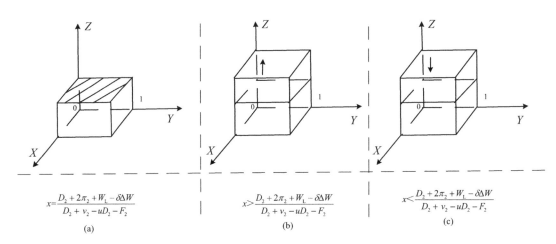

图3.5　承包方2在不同情况下的演化路径

根据上述分析，在实施锦标激励条件下，业主—承包方1—承包方2三方博弈主体的演化均衡状态结果如表3.3所示。

"业主—承包方1—承包方2"三方博弈主体的演化均衡状态　　　　　表3.3

| 均衡点 | 均衡解 | 选择策略 |
|---|---|---|
| $x=1$ | $y>[(1+u)(D_1+D_2)+c_0-2(R_1+R_2)-z(2O_2+D_2+uD_2-2W_L)]/(zO_1+D_1+uD_1-2W_H)$ | 业主选择"监管"策略 |

| 均衡点 | 均衡解 | 选择策略 |
|---|---|---|
| $x=0$ | $y<[(1+u)(D_1+D_2)+c_0-2(R_1+R_2)-z(2O_2+D_2+uD_2-2W_L)]/$ $(zO_1+D_1+uD_1-2W_H)$ | 业主选择"弱监管"策略 |
| $y=1$ | $x>(D_1+2\pi_1+W_H+\partial\Delta W)/(D_1+v_1-uD_1-F_1)$ | 承包方1选择"努力"策略 |
| $y=0$ | $x<(D_1+2\pi_1+W_H+\partial\Delta W)/(D_1+v_1-uD_1-F_1)$ | 承包方1选择"投机"策略 |
| $z=1$ | $x>(D_2+2\pi_2+W_L-\delta\Delta W)/(D_2+v_2-uD_2-F_2)$ | 承包方2选择"努力"策略 |
| $z=0$ | $x<(D_2+2\pi_2+W_L-\delta\Delta W)/(D_2+v_2-uD_2-F_2)$ | 承包方2选择"投机"策略 |

## 4. 演化博弈策略的稳定性分析

根据三方演化博弈稳定性分析原则，三个博弈方分别记为$X$，$Y$，$Z$。$X$的策略集为$K_1=$ $(X_1，X_2)$；$Y$的策略集为$K_2=(Y_1，Y_2)$；$Z$的策略集为$K_3=(Z_1，Z_2)$。三方博弈群体的收益矩阵如表3.4、表3.5所示。在三方博弈的$2\times2\times2$非对称演化博弈复制动态系统中，演化博弈均衡的渐进稳定性满足八个原则[231]，如表3.6所示。

**$Z$选择$Z_1$策略下的收益矩阵**　　　　　　　　　　表3.4

| 博弈双方 | | $Y$ | |
|---|---|---|---|
| | | $Y_1$ | $Y_2$ |
| $X$ | $X_1$ | $(e_1, f_1, l_1)$ | $(e_2, f_2, l_2)$ |
| | $X_2$ | $(e_3, f_3, l_3)$ | $(e_4, f_4, l_4)$ |

**$Z$选择$Z_2$策略下的收益矩阵**　　　　　　　　　　表3.5

| 博弈双方 | | $Y$ | |
|---|---|---|---|
| | | $Y_1$ | $Y_2$ |
| $X$ | $X_1$ | $(e_5, f_5, l_5)$ | $(e_6, f_6, l_6)$ |
| | $X_2$ | $(e_7, f_7, l_7)$ | $(e_8, f_8, l_8)$ |

**三方博弈主体参与的演化博弈均衡稳定性判断原则**　　　　表3.6

| 策略 | 判断原则 | 平衡点判定 |
|---|---|---|
| 1 | $(e_6<e_8, f_7<f_8, l_4<l_8)$ | $E_1(0,0,0)$是渐进稳定平衡点 |
| 2 | $(e_6>e_8, f_5<f_6, l_2<l_6)$ | $E_2(1,0,0)$是渐进稳定平衡点 |
| 3 | $(e_5<e_7, f_7>f_8, l_3<l_7)$ | $E_3(0,1,0)$是渐进稳定平衡点 |
| 4 | $(e_2<e_4, f_3<f_4, l_4>l_8)$ | $E_4(0,0,1)$是渐进稳定平衡点 |

| 策略 | 判断原则 | 平衡点判定 |
|---|---|---|
| 5 | $(e_5>e_7, f_5>f_6, l_1<l_5)$ | $E_5(1, 1, 0)$ 是渐进稳定平衡点 |
| 6 | $(e_2>e_4, f_1<f_2, l_2>l_6)$ | $E_6(1, 0, 1)$ 是渐进稳定平衡点 |
| 7 | $(e_1<e_3, f_3>f_4, l_3>l_7)$ | $E_7(0, 1, 1)$ 是渐进稳定平衡点 |
| 8 | $(e_1>e_3, f_1>f_2, l_1>l_5)$ | $E_8(1, 1, 1)$ 是渐进稳定平衡点 |

由演化博弈理论的均衡策略可知，若演化博弈均衡是渐进稳定状态，则该策略一定是严格纳什均衡，而严格纳什均衡又是纯策略纳什均衡[232]。在演化博弈模型中，业主、承包方1和承包方2决策选择的概率$x$、$y$和$z$随时间$t$变化，$x(t)$，$y(t)$，$z(t) \in [0, 1]$，联立复制动态方程式（3.4）、式（3.8）、式（3.12）可得8个特殊均衡点$(0, 0, 0)$、$(1, 0, 0)$、$(0, 1, 0)$、$(0, 0, 1)$、$(1, 1, 0)$、$(1, 0, 1)$、$(0, 1, 1)$、$(1, 1, 1)$，它们构成了演化博弈解域$\{(x, y, z)|x=0, 1; y=0, 1; z=0, 1\}$，同时也构成了三方演化博弈的均衡解域$\Omega=\{(x, y, z)|0<x<1, 0<y<1, 0<z<1\}$，除以上8个均衡点外，在$\Omega$内还存在第9个均衡点，在以上9个局部均衡点中，第9个点表示混合策略纳什均衡，所以不是均衡点。因此，对于业主和承包方1、承包方2之间博弈复制动态系统存在$E_1(0, 0, 0)$、$E_2(1, 0, 0)$、$E_3(0, 1, 0)$、$E_4(0, 0, 1)$、$E_5(1, 1, 0)$、$E_6(1, 0, 1)$、$E_7(0, 1, 1)$、$E_8(1, 1, 1)$ 8个局部均衡点。因此，仅需要讨论这8个渐进平衡点的渐进稳定性，$E_9$为非渐进稳定状态。

根据表3.2构造在承包方2不同策略下，业主、承包方1和承包方2三方的博弈收益矩阵。在承包方2选择"努力"行为策略下，业主—承包方1—承包方2三方博弈主体的收益矩阵如表3.7所示。

承包方2选择"努力"行为策略下三方博弈主体的收益矩阵　　　　表3.7

| 博弈双方 | | 承包方1 | |
|---|---|---|---|
| | | 努力 | 投机 |
| 业主 | 监管 | $(R_1+R_2-W_H-W_L-c_0+O_1+O_2, \pi_1+W_H+F_1+\partial \Delta W, \pi_2+W_L+F_2-\delta \Delta W)$ | $(R_1+R_2+O_2-uD_1-W_L-c_0, \pi_1+uD_1-v_1, \pi_2+W_L+F_2-\delta \Delta W)$ |
| | 弱监管 | $(R_1+R_2-W_H-W_L+O_1+O_2, \pi_1+W_H+\partial \Delta W, \pi_2+W_L-\delta \Delta W)$ | $(R_1+R_2+O_2-D_1-W_L, \pi_1+D_1, \pi_2+W_L-\delta \Delta W)$ |

在承包方2选择"投机"行为策略下，业主—承包方1—承包方2三方博弈主体的收益矩阵如表3.8所示。

根据表3.6三方演化博弈均衡稳定性的八个原则，结合表3.7和表3.8的业主、获胜承包方1和失败承包方2在实施锦标激励下的博弈收益矩阵，可以得到以下判定结果：

| 博弈双方 | | 承包方1 | |
|---|---|---|---|
| | | 努力 | 投机 |
| 业主 | 监管 | $(R_1+R_2+O_2-uD_1-W_L-c_0,\ \pi_1+W_H+F_1+\partial\Delta W,$ $\pi_2+uD_2-v_2)$ | $(R_1+R_2-uD_2-uD_1-c_0,\ \pi_1+uD_1-v_1,\ \pi_2+uD_2-v_2)$ |
| | 弱监管 | $(R_1+R_2+O_1-D_2-W_H,\ \pi_1+W_H+\partial\Delta W,\ \pi_2+D_2)$ | $(R_1+R_2-D_1-D_2,\ \pi_1+D_1,\ \pi_2+D_2)$ |

（1）根据演化博弈均衡稳定性的判断原则1，判定点$E_1$（0，0，0）可能为稳定点。由收益矩阵可知，当$D_1+D_2<uD_2+uD_1+c_0$，$W_H+\partial\Delta W<D_1$且$W_L-\delta\Delta W<D_2$时，$e_6<e_8$，$f_7<f_8$，$l_4<l_8$成立，满足策略1的判定原则，此时点$E_1$（0，0，0）为渐进稳定平衡点。

（2）根据演化博弈均衡稳定性的判断原则2，判定点$E_2$（1，0，0）可能为稳定点。由收益矩阵可知，当$D_1+D_2>uD_2+uD_1+c_0$，$W_H+F_1+\partial\Delta W<uD_1-v_1$且$W_L+F_2-\delta\Delta W<uD_2-v_2$时，$e_6>e_8$，$f_5<f_6$，$l_2<l_6$成立，满足策略2的判定原则，此时点$E_2$（1，0，0）为渐进稳定平衡点。

（3）根据演化博弈均衡稳定性的判断原则3，判定点$E_3$（0，1，0）可能为稳定点。由收益矩阵可知，当$uD_2+c_0>D_2$，$W_H+\partial\Delta W>D_1$，且$W_L-\delta\Delta W<D_2$时，$e_5<e_7$，$f_7>f_8$，$l_3<l_7$成立，满足策略3的判定原则，此时点$E_3$（0，1，0）为渐进稳定平衡点。

（4）根据演化博弈均衡稳定性的判断原则4，判定点$E_4$（0，0，1）可能为稳定点。由收益矩阵可知，当$uD_1+c_0>D_1$，$W_H+\partial\Delta W<D_1$且$W_L-\delta\Delta W>D_2$时，$e_2<e_4$，$f_3<f_4$，$l_4>l_8$成立，满足策略4的判定原则，此时点$E_4$（0，0，1）为渐进稳定平衡点。

（5）根据演化博弈均衡稳定性的判断原则5，判定点$E_5$（1，1，0）可能为稳定点。由收益矩阵可知，当$uD_2+c_0<D_2$，$W_H+F_1+\partial\Delta W>uD_1-v_1$且$W_L+F_2-\delta\Delta W<uD_2-v_2$时，$e_5>e_7$，$f_5>f_6$，$l_1<l_5$成立，满足策略5的判定原则，此时点$E_5$（1，1，0）为渐进稳定平衡点。

（6）根据演化博弈均衡稳定性的判断原则6，判定点$E_6$（1，0，1）可能为稳定点。由收益矩阵可知，当$uD_1+c_0<D_1$，$W_H+F_1+\partial\Delta W<uD_1-v_1$且$W_L+F_2-\delta\Delta W>uD_2-v_2$时，$e_2>e_4$，$f_1<f_2$，$l_2>l_6$成立，满足策略6的判定原则，此时点$E_6$（1，0，1）为渐进稳定平衡点。

（7）根据演化博弈均衡稳定性的判断原则7，判定点$E_7$（0，1，1）可能为稳定点。由收益矩阵可知，当$W_H+\partial\Delta W>D_1$且$W_L-\delta\Delta W>D_2$时，$e_1<e_3$，$f_3>f_4$，$l_3>l_7$成立，满足策略7的判定原则，此时点$E_7$（0，1，1）为渐进稳定平衡点。

（8）根据演化博弈均衡稳定性的判断原则8，判定点$E_8$（1，1，1）为非稳定点。由收益矩阵可知，$e_1<e_3$，不满足策略8的判定原则，点$E_8$（1，1，1）为非渐进稳定平衡点。

### 3.3.3　博弈模型的结果

根据前述演化博弈模型的稳定性条件分析，系统的稳定均衡点和判定条件如表3.9所示。根据系统的稳定均衡点和判定条件，对业主和多承包方博弈行为的演化规律分析和讨论如下：

| 点 | 策略组合 | 判定条件 |
|---|---|---|
| $E_1(0,0,0)$ | （弱监管，投机，投机） | $D_1+D_2<uD_2+uD_1+c$，$W_H+\partial\Delta W<D_1$，$W_L-\delta\Delta W<D_2$ |
| $E_2(1,0,0)$ | （监管，投机，投机） | $D_1+D_2>uD_2+uD_1+c_0$，$W_H+F_1+\partial\Delta W<uD_1-v_1$，$W_L+F_2-\delta\Delta W<uD_2-v_2$ |
| $E_3(0,1,0)$ | （弱监管，努力，投机） | $uD_2+c_0>D_2$，$W_H+\partial\Delta W>D_1$，$W_L-\delta\Delta W<D_2$ |
| $E_4(0,0,1)$ | （弱监管，投机，努力） | $uD_1+c_0>D_1$，$W_H+\partial\Delta W<D_1$，$W_L-\delta\Delta W>D_2$ |
| $E_5(1,1,0)$ | （监管，努力，投机） | $uD_2+c_0<D_2$，$W_H+F_1+\partial\Delta W>uD_1-v_1$，$W_L+F_2-\delta\Delta W<uD_2-v_2$ |
| $E_6(1,0,1)$ | （监管，投机，努力） | $uD_1+c_0<D_1$，$W_H+F_1+\partial\Delta W<uD_1-v_1$，$W_L+F_2-\delta\Delta W>uD_2-v_2$ |
| $E_7(0,1,1)$ | （弱监管，努力，努力） | $W_H+\partial\Delta W>D_1$，$W_L-\delta\Delta W>D_2$ |

（1）由业主的复制动态分析结果可知，当锦标竞争获胜承包方1和锦标竞争失败承包方2均选择"努力"工作行为的初始概率$y$和$z$满足$y>[(1+u)(D_1+D_2)+c_0-2(R_1+R_2)-z(2O_2+D_2+uD_2-2W_L)]/(O_1+D_1+uD_1-2W_H)$时，业主将趋于选择"监管"行为策略，其概率逐渐增加至1；反之，当锦标竞争获胜承包方1和锦标竞争失败承包方2的"努力"工作行为的初始概率$y$和$z$满足$y<[(1+u)(D_1+D_2)+c_0-2(R_1+R_2)-z(2O_2+D_2+uD_2-2W_L)]/(O_1+D_1+uD_1-2W_H)$时，业主将趋于选择"弱监管"行为策略。

（2）由锦标竞争中获胜承包方1的复制动态分析结果可知，当业主选择"监管"的初始概率$x$满足$x>(D_1+2\pi_1+W_H+\partial\Delta W)/(D_1+v_1-uD_1-F_1)$时，锦标竞争中获胜承包方1将趋于选择"努力"行为策略，其概率逐渐增加至1；反之，当业主选择"监管"的概率$x$满足$x<(D_1+2\pi_1+W_H+\partial\Delta W)/(D_1+v_1-uD_1-F_1)$时，锦标竞争中获胜承包方1将趋于选择"投机"行为策略。同理，由锦标竞争中失败承包方2的复制动态分析结果可知，当业主选择"监管"的概率$x$满足$x>(D_2+2\pi_2+W_L-\delta\Delta W)/(D_2+v_2-uD_2-F_2)$时，承包方2将趋于选择"努力"行为策略，其概率逐渐增加至1；反之，当业主选择"监管"的概率$x$满足$x<(D_2+2\pi_2+W_L-\delta\Delta W)/(D_2+v_2-uD_2-F_2)$时，锦标竞争中失败的承包方2将趋于选择"投机"行为策略。综上所述，当业主选择"监管"的概率$x$满足$x>\{\max|(D_1+2\pi_1+W_H+\partial\Delta W)/(D_1+v_1-uD_1-F_1)$，$(D_2+2\pi_2+W_L-\delta\Delta W)/(D_2+v_2-uD_2-F_2)\}$时，锦标竞争获胜承包方1和锦标竞争失败承包方2均选择"努力"工作策略。

（3）当$D_1+D_2<uD_2+uD_1+c$，$W_H+\partial\Delta W<D_1$且$W_L-\delta\Delta W<D_2$时，系统演化稳定策略（ESS）为$E_1(0,0,0)$，即业主、承包方1和承包方2的策略组合\{弱监管，投机，投机\}为系统稳定均衡策略。由判定条件$D_1+D_2<uD_2+uD_1+c$，$W_H+\partial\Delta W<D_1$且$W_L-\delta\Delta W<D_2$可知，当业主"弱监管"两个承包方"投机"行为带来的损失之和（$D_1+D_2$）小于业主的监管成本$c_0$与业主"监管"策略下两个承包方"投机"行为带来的损失（$uD_2+uD_1$）之和时，即$D_1+D_2<uD_2+uD_1+c_0$，业主的行为不断向"弱监管"策略演化。当锦标激励的激励程度和公平偏好带来的效用之和小于两个承包方采取"投机"行为下的所得时，即$W_H+\partial\Delta W<D_1$

和$W_L-\delta\Delta W<D_2$，两个承包方有采取"投机"行为策略的倾向，行为逐渐向"投机"策略演化。此时，业主和两个承包方的{弱监管，投机，投机}策略为系统占优策略。

（4）当$D_1+D_2>uD_2+uD_1+c_0$，$W_H+F_1+\partial\Delta W<uD_1-v_1$且$W_L+F_2-\delta\Delta W<uD_2-v_2$时，系统演化稳定策略（ESS）为$E_2$（1，0，0），即{监管，投机，投机}为业主和两个承包方的稳定均衡策略。分析发现，当业主的监管成本$c_0$与"监管"策略下两个承包方投机行为带来的损失（$uD_2+uD_1$）之和小于业主"弱监管"策略下两个承包方投机行为带来的损失（$D_1+D_2$）时，即$D_1+D_2>uD_2+uD_1+c_0$，业主倾向选择"监管"行为策略；当锦标竞争获胜承包方1在"努力"行为下获得的物质激励$W_H$、在锦标竞争中获胜的自豪偏好正效用$\partial\Delta W$与精神激励带来的潜在收益$F_1$之和小于锦标竞争获胜承包方1采取"投机"行为下的所得$uD_1$与罚金$v_1$之差时，即$W_H+F_1+\partial\Delta W<uD_1-v_1$，获胜承包方1倾向选择"投机"行为策略；同理，当锦标竞争失败承包方2在"努力"行为下获得的物质激励$W_L$、在锦标竞争中失利的嫉妒偏好负效用$\delta\Delta W$与精神激励带来的潜在收益$F_2$之和小于锦标竞争失败承包方2采取"投机"行为下的所得$uD_2$与罚金$v_2$之差时，即$W_L+F_2-\delta\Delta W<uD_2-v_2$，承包方2倾向选择"投机"行为策略。此时，业主和两个承包方的{监管，投机，投机}策略为系统占优策略。

（5）当$uD_2+c_0>D_2$，$W_H+\partial\Delta W>D_1$，且$W_L-\delta\Delta W<D_2$时，系统演化稳定策略（ESS）为$E_3$（0，1，0），即{弱监管，努力，投机}为业主和两个承包方的稳定均衡策略。当业主监管承包方的成本$c_0$与监管锦标竞争中失败承包方2降低的损失值$uD_2$之和大于弱监管失败承包方2的损失$D_2$时，即$uD_2+c_0>D_2$，业主倾向选择"弱监管"策略；在业主的"弱监管"策略下，当锦标竞争获胜承包方1所得的物质奖励$W_H$与在锦标竞争中获胜的自豪偏好正效用$\partial\Delta W$之和大于锦标竞争获胜承包方1"投机"行为的所得$D_1$时，即$W_H+\partial\Delta W>D_1$，获胜的承包方1倾向选择"努力"行为策略；当锦标竞争失败承包方2所得的物质奖励$W_L$与在锦标竞争中失利的嫉妒偏好负效用$\delta\Delta W$之和小于失败承包方2"投机"行为的所得$D_2$时，即$W_L-\delta\Delta W<D_2$，承包方2倾向选择"投机"行为策略。此时，业主和两个承包方的{弱监管，努力，投机}策略为系统占优策略。

（6）当$uD_1+c_0>D_1$，$W_H+\partial\Delta W<D_1$且$W_L-\delta\Delta W>D_2$时，系统演化稳定策略（ESS）为$E_4$（0，0，1），即{弱监管，投机，努力}为业主和两个承包方的稳定均衡策略。当业主监管的成本$c_0$与监管锦标获胜承包方1降低的损失值$uD_1$之和大于弱监管锦标获胜承包方1的损失$D_1$时，即$uD_1+c_0>D_1$，业主倾向选择"弱监管"行为策略；在业主的"弱监管"策略下，当锦标竞争获胜承包方1所得的物质奖励$W_H$与在锦标竞争中获胜的自豪偏好正效用$\partial\Delta W$之和小于锦标竞争获胜承包方1"投机"行为的所得$D_1$时，即$W_H+\partial\Delta W<D_1$，承包方1倾向选择"投机"行为策略；当锦标竞争失败承包方2所得的物质奖励$W_L$与在锦标竞争中失败的嫉妒偏好负效用$\delta\Delta W$之和大于锦标竞争中失败承包方2"投机"行为的所得$D_2$时，即$W_L-\delta\Delta W>D_2$，承包方2倾向选择"努力"行为策略。此时，业主和两个承包方的{弱监管，投机，努力}策略为系统占优策略。

（7）当$uD_2+c_0<D_2$，$W_H+F_1+\partial\Delta W>uD_1-v_1$且$W_L+F_2-\delta\Delta W<uD_2-v_2$时，系统演化稳定

策略（ESS）为 $E_5$（1，1，0），即{监管，努力，投机}为业主和两个承包方的稳定均衡策略。当业主监管承包方的成本 $c_0$ 与监管锦标竞争中失败承包方2降低的损失值 $uD_2$ 之和小于弱监管锦标竞争失败承包方2的损失 $D_2$ 时，即 $uD_2+c_0<D_2$ 时，业主倾向选择"监管"行为策略；在业主的"监管"策略下，当锦标竞争获胜承包方1所得的奖励 $W_H$、在锦标竞争中获胜的自豪偏好正效用 $\partial\Delta W$ 与精神激励带来的潜在收益 $F_1$ 之和大于"投机"行为的所得 $uD_1$ 与罚金 $v_1$ 之差时，即 $W_H+F_1+\partial\Delta W>uD_1-v_1$，在锦标竞争中获胜的承包方1倾向选择"努力"行为策略；当锦标竞争失败承包方2所得的奖励 $W_L$、在锦标竞争中失败的嫉妒偏好负效用 $\delta\Delta W$ 与精神激励带来的潜在收益 $F_2$ 之和小于"投机"行为的所得 $uD_2$ 与罚金 $v_2$ 之差时，即 $W_L+F_2-\delta\Delta W<uD_2-v_2$，锦标竞争失败的承包方2倾向选择"投机"行为策略。此时，业主和两个承包方的{监管，努力，投机}策略为系统占优策略。

（8）当 $uD_1+c_0<D_1$，$W_H+F_1+\partial\Delta W<uD_1-v_1$ 且 $W_L+F_2-\delta\Delta W>uD_2-v_2$ 时，系统演化稳定策略（ESS）为 $E_6$（1，0，1），即{监管，投机，努力}为业主和两个承包方的稳定均衡策略。当业主的监管成本 $c_0$ 与监管获胜承包方1降低的损失值 $uD_1$ 之和小于弱监管获胜承包方1时的损失 $D_1$ 时，即 $uD_1+c_0<D_1$，业主倾向选择"监管"行为策略；同时，在业主的"监管"策略下，当锦标竞争获胜承包方1所得的物质奖励 $W_H$、在锦标竞争中获胜的自豪偏好正效用 $\partial\Delta W$ 与精神激励带来的潜在收益 $F_1$ 之和小于其"投机"行为带来的收益 $uD_1$ 与罚金 $v_1$ 之差时，即 $W_H+F_1+\partial\Delta W<uD_1-v_1$，承包方1倾向选择"投机"行为策略；当锦标竞争失败承包方2所得的物质奖励 $W_L$、在锦标竞争中失败的嫉妒偏好负效用 $\delta\Delta W$ 与精神激励带来的潜在收益 $F_2$ 之和大于"投机"行为的所得 $uD_2$ 与罚金 $v_2$ 之差时，即 $W_L+F_2-\delta\Delta W>uD_2-v_2$，承包方2倾向选择"努力"行为策略。因此，业主的"监管"策略、承包方1的"投机"行为与承包方2的"努力"行为是系统占优策略。

（9）当 $W_H+\partial\Delta W>D_1$ 且 $W_L-\delta\Delta W>D_2$ 时，系统演化稳定策略（ESS）为 $E_7$（0，1，1），即{弱监管，努力，努力}为业主和两个承包方的稳定均衡策略。在实施锦标激励条件下，当业主提供给获胜承包方1的物质奖励 $W_H$ 与其在锦标竞争中获胜的自豪偏好正效用 $\partial\Delta W$ 之和大于其"投机"行为的所得 $D_1$ 时，即 $W_H+\partial\Delta W>D_1$，获胜承包方1倾向选择"努力"行为策略；当业主提供给失败承包方2的物质奖励 $W_L$ 与其在锦标竞争中失败的嫉妒偏好负效用 $\delta\Delta W$ 之和大于其"投机"行为的所得 $D_2$ 时，即 $W_L-\delta\Delta W>D_2$，承包方2倾向选择"努力"行为策略。由 $W_H+\partial\Delta W>D_1$ 和 $W_L-\delta\Delta W>D_2$ 可知，业主提供锦标激励的激励强度和承包方的公平偏好程度是影响承包方行为选择的重要因素，不管业主采取"监管"还是"弱监管"策略，只要业主提供的激励强度与公平偏好程度的效用之和总是大于承包方投机行为的所得，承包方总是选择"努力"行为策略，此时，"弱监管"策略是业主的系统占优策略。

### 3.3.4　演化仿真分析

根据演化博弈策略的稳定性分析，运用MATLAB软件对业主和多承包方的行为趋势进行仿真分析，探讨在不同判定条件下，业主和承包方之间行为的演化规律。

（1）当$D_1+D_2<uD_2+uD_1+c_0$，$W_H+\partial\Delta W<D_1$且$W_L-\delta\Delta W<D_2$时，假设业主采取监管策略的初始概率$x=0.5$，获胜承包方1选择努力行为的初始概率$y=0.6$，失败承包方2选择努力行为的初始概率$z=0.6$。业主、承包方1和承包方2的行为演化如图3.6所示，此时，系统的演化均衡点为$E_1$（0，0，0）。

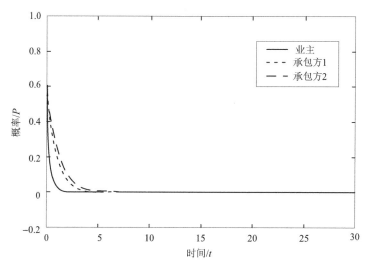

图3.6　业主和两个承包方在点（0，0，0）的演化趋势

在重大输水工程交易的锦标激励中，由于锦标竞争获胜承包方努力行为得到的物质奖励和自身公平偏好带来的正效用之和小于其"投机"行为带来的收益，即锦标激励带来的净收益小于获胜承包方采取"投机"行为的收益，获胜的承包方具有采取投机行为的动机。对获胜承包方来说，积极努力工作带来的收益不如投机行为获得的利益大，这影响了获胜承包方努力行为的动机，自利偏好的承包方会为了追求自身利益最大化，而采取投机行为，其行为经过长期的博弈，最终收敛于"投机"策略。同时，由于失败承包方在锦标竞争中得到的净收益小于其投机行为获得的收益，锦标激励带来的收益不足以使失败承包方放弃采取投机行为，其会在利益的驱动下选择投机行为，并最终收敛于"投机"策略。当获胜承包方和失败承包方同时选择投机行为时，业主加大监管力度并不能减少其损失，出于对成本的考虑，业主丧失增加监管的动力。业主为追求自身利益最大化，而选择"弱监管"策略，并最终收敛于"弱监管"策略。

（2）当$D_1+D_2>uD_2+uD_1+c_0$，$W_H+F_1+\partial\Delta W<uD_1-v_1$且$W_L+F_2-\delta\Delta W<uD_2-v_2$时，假设业主采取监管策略的概率$x=0.6$，获胜承包方1选择努力行为的概率$y=0.6$，失败承包方2选择努力行为的概率$z=0.6$。业主、承包方1和承包方2的行为演化如图3.7所示，此时，系统的演化均衡点为$E_2$（1，0，0）。

在业主的监管策略下，由于锦标竞争获胜承包方努力行为所得到的物质奖励、其公平

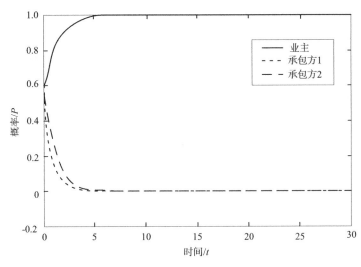

图3.7 业主和两个承包方在点（1，0，0）的演化趋势

偏好正效用与精神激励带来的潜在收益之和小于其采取投机行为的收益与投机行为带来的惩罚之和，即获胜承包方在锦标竞争中努力工作获得的净收益小于其投机行为的净收益，获胜承包方具有采取投机行为的倾向。对于获胜承包方来说，采取投机行为获得的利润更大，获胜承包方会在利益的驱动下，冒险采取"投机"策略，并最终收敛于"投机"策略。同时，由于竞争失败承包方努力工作所得的物质奖励、公平偏好正效用和精神激励带来的潜在收益之和小于其投机行为的净收益，失败承包方在锦标竞争中失去努力工作的积极性，其会为了追求自身利益最大化，选择投机行为，并最终收敛于"投机"策略。此时，因监管两个承包方的损失小于"弱监管"策略下的损失，业主会为了最大程度地降低损失而选择加大监管。在重大输水工程的交易中，业主会出于收益最大化的考虑，增加人力、物力和财力的投入，选择对承包方施工行为的监管措施，行为不断向监管策略演化，最终收敛于"监管"策略。

（3）当$uD_2+c_0>D_2$，$W_H+\partial\Delta W>D_1$，且$W_L-\delta\Delta W<D_2$时，假设业主采取"监管"策略的概率$x=0.5$，获胜承包方1选择努力行为的概率$y=0.6$，失败承包方2选择努力行为的概率$z=0.6$。业主、承包方1和承包方2的行为演化如图3.8所示，此时，系统的演化均衡点为$E_3$（0，1，0）。

在业主的"弱监管"策略下，由于业主提供给获胜承包方努力行为的物质奖励与其公平偏好带来的效用之和大于获胜承包方采取"投机"行为的所得，即获胜承包方在锦标竞争中努力工作获得的净收益大于其投机所得，其具有努力工作的动机。对于获胜承包方来说，在重大输水工程的交易中诚信而努力工作会带来更大的收益，获胜承包方具有诚信努力工作的动力，其行为经过长期的反复博弈，不断向努力策略演化，最终收敛于"努力"策略。同时，由于锦标竞争失败承包方在锦标竞争中努力工作获得的净收益小于其投机所得，失败承包方会为了获得最大的投机收益，而放弃努力工作，其行为经过反复博弈，最

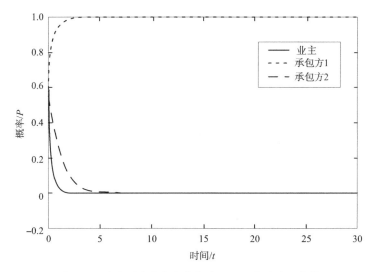

图3.8 业主和两个承包方在点（0，1，0）的演化趋势

终收敛于"投机"策略。此时，因监管承包方的成本与损失之和大于"弱监管"策略下的损失，业主的监管会出现懈怠，出于对收益最大化的考虑，最终选择不增加监管力度的"弱监管"行为，并最终收敛于"弱监管"策略。

（4）当$uD_1+c_0>D_1$，$W_H+\partial\Delta W<D_1$，且$W_L-\delta\Delta W>D_2$时，假设业主采取监管策略的概率$x=0.5$，获胜承包方1选择努力行为的概率$y=0.6$，失败承包方2选择努力行为的概率$z=0.6$。业主、承包方1和承包方2的行为演化如图3.9所示，此时，系统的演化均衡点为$E_4$（0，0，1）。

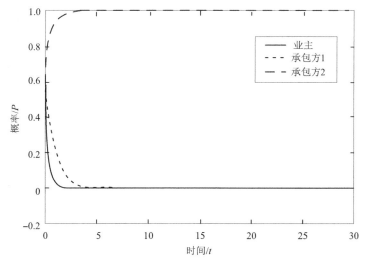

图3.9 业主和两个承包方在点（0，0，1）的演化趋势

在业主的"弱监管"策略下，由于锦标竞争获胜承包方努力行为的物质奖励与其公平

偏好的效用之和小于获胜承包方采取投机行为的所得，即获胜承包方在锦标竞争中努力工作获得的净收益小于其投机所得，获胜承包方具有采取投机行为的动机。对于获胜承包方来说，采取投机行为得到的利益更大，锦标激励对其施工行为起不到激励作用，获胜承包方会为了获得最大的收益而选择投机行为，其行为经过反复博弈，最终收敛于"投机"策略。同时，由于失败承包方努力工作获得的净收益大于其投机所得，追求自身利益最大化的承包方在锦标竞争中具有诚信而努力工作的动机，其行为经过反复博弈，最终收敛于"努力"策略。此时，业主会因监管承包方的成本与损失之和大于"弱监管"策略下的损失，出于对成本的考虑，业主最终选择不增加监管力度的"弱监管"策略，行为最终收敛于"弱监管"策略。

（5）当 $uD_2+c_0<D_2$，$W_H+F_1+\partial\Delta W>uD_1-v_1$ 且 $W_L+F_2-\delta\Delta W<uD_2-v_2$ 时，假设业主采取监管策略的概率 $x=0.6$，获胜承包方1选择努力行为的概率 $y=0.6$，失败承包方2选择努力行为的概率 $z=0.6$。业主、承包方1和承包方2的行为演化如图3.10所示，此时，系统的演化均衡点为 $E_5$（1，1，0）。

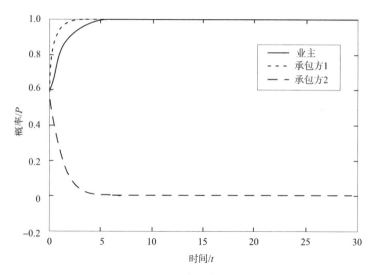

图3.10　业主和两个承包方在点（1，1，0）的演化趋势

在业主的"监管"策略下，由于锦标竞争获胜承包方努力行为得到的物质奖励、精神激励带来的潜在收益与其公平偏好正效用之和大于获胜承包方采取投机行为的所得，即锦标竞争获胜承包方努力工作获得的净收益大于其投机行为的所得，获胜承包方具有努力工作的动机。对于获胜承包方来说，在重大输水工程交易中努力工作获得的收益大于投机所得，获胜承包方在利益最大化的驱使下，具有诚信努力工作的动机，会主动放弃投机行为，行为最终收敛于"努力"策略。同时，由于锦标竞争失败承包方努力工作获得的净收益小于投机行为所得，失败承包方为了获得更多的投机收益，会冒险采取投机行为，经过长期的反复博弈，行为最终收敛于"投机"策略。此时，业主会因监管承包方的成本与损

失之和小于弱监管策略下的损失，而具有增加监管力度的动力。通过增加监管力度而降低损失是业主的最佳选择，其行为不断向监管策略演化，最终收敛于"监管"策略。

（6）当$uD_1+c_0<D_1$，$W_H+F_1+\partial\Delta W<uD_1-v_1$且$W_L+F_2-\delta\Delta W>uD_2-v_2$时，假设业主采取监管策略的概率$x=0.6$，获胜承包方1选择努力行为的概率$y=0.6$，失败承包方2选择努力行为的概率$z=0.6$。业主、承包方1和承包方2的行为演化如图3.11所示，此时，系统的演化均衡点为$E_6$（1，0，1）。

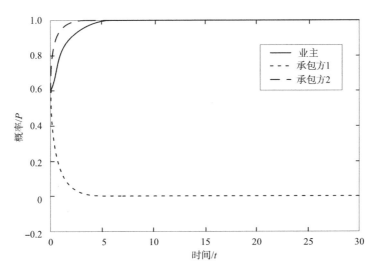

图3.11　业主和两个承包方在点（1，0，1）的演化趋势

在业主的"监管"策略下，由于锦标竞争获胜承包方努力行为的物质奖励、公平偏好正效用与精神激励带来的潜在收益之和小于获胜承包方采取投机行为的收益与投机行为带来的惩罚之和，即获胜承包方努力行为获得的净收益小于投机行为的净收益，获胜承包方具有采取投机行为的动机。对于获胜承包方来说，冒险采取投机行为能得到更多的利益，其会为了自身收益最大化而放弃诚信努力工作，其行为经过长期的反复博弈，最终收敛于"投机"策略。同时，由于锦标竞争失败的承包方在锦标竞争中努力工作获得的净收益大于投机行为的净收益，失败承包方具有诚信努力工作的动力，其会为了获得最大的收益而选择努力行为，经过长期的反复博弈，行为最终收敛于"努力"策略。此时，业主会因监管承包方的净损失小于"弱监管"策略下的损失，具有加强监管力度的动力。业主会通过增加监管力度的方式而降低自身损失，其行为不断向"监管"策略演化，最终收敛于"监管"策略。

（7）当$W_H+\partial\Delta W>D_1$且$W_L-\delta\Delta W>D_2$时，假设业主采取监管策略的概率$x=0.5$，获胜承包方1选择努力行为的概率$y=0.6$，失败承包方2选择努力行为的概率$z=0.6$。业主、承包方1和承包方2的行为演化如图3.12所示，此时，系统的演化均衡点为$E_7$（0，1，1）。

由于业主提供给锦标竞争获胜承包方努力行为的物质奖励和其公平偏好带来的正效用

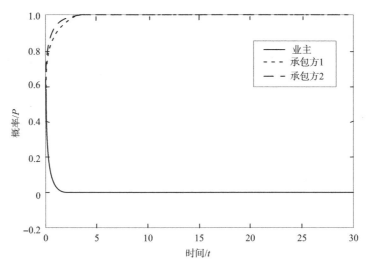

图3.12　业主和两个承包方在点（0，1，1）的演化趋势

之和大于其投机行为带来的收益，即获胜承包方在锦标竞争中努力行为获得的净收益大于其投机行为的收益，获胜承包方具有诚信努力工作的动机。对于获胜承包方来说，在重大输水工程交易中采取努力行为会获得更多的收益，获胜承包方具有选择努力工作的动力，行为不断向"努力"策略演化。同时，由于业主提供给失败承包方努力行为的物质奖励和其公平偏好带来的负效用之和大于其投机行为带来的收益，即失败承包方在锦标竞争中获得的净收益大于其投机行为的收益，失败承包方具有采取努力行为的动力。失败承包方会为了自身利益最大化选择诚信而努力地工作，行为不断向"努力"策略演化。在业主对承包方提供锦标激励的强度足够大时，两个承包方通过不断学习和模仿，行为策略最终收敛于{努力，努力}。此时，对于业主来说，即使不增加监管力度，承包方依旧选择努力工作，出于对成本的考虑，业主最终选择"弱监管"策略，整个系统向{弱监管，努力，努力}策略演化。

业主实施锦标激励的目的是通过对多承包方给予阶梯式差别奖励，调动多承包方诚信且努力工作的积极性。与此同时，业主通过实施锦标激励政策来降低对多承包方监管的难度，提高监管效率。因此，在实施锦标激励的情境下，系统最优稳定策略为（0，1，1），即业主与两个承包方的{弱监管，努力，努力}策略是整个系统的最理想策略组合。当系统处于最理想策略组合时，重大输水工程交易中实施的锦标激励策略能对多承包方的施工行为起到激励作用，且业主无须增加监管力度，也能达到抑制多承包方投机行为的效果，此状态下的锦标激励实施效果最佳。

### 3.3.5　演化博弈结论及启示

根据演化博弈模型的分析结果可以看出，在实施锦标激励的重大输水工程交易中，业主和多承包方之间的行为策略是彼此制约和相互影响的，主体的行为选择除了受自身所获得的利益、损失和所需要承担的成本影响外，还与其他两个主体的行为策略选择有关，三方主体的动态博弈并不会收敛于某一个稳定策略集，且各主体行为在不同概率范围内的不同行为取向会造成不同的收益结果，只有在特定的条件下，才会出现系统最优的结果。

在实施锦标激励的重大输水工程交易中，业主的行为选择与监管成本和不同监管程度下的损失有关，监管成本与不同监管程度下的损失大小直接影响业主的行为方式。一旦监管成本和监管产生的损失大于弱监管的损失，业主会在利益的驱动下，最终选择"弱监管"策略。当重大输水工程交易中的监管成本很高且监管难度较大时，业主的锦标激励政策能在很大程度上提高监管效率，业主制定的锦标激励方案能有效调动多承包方的积极性。

在实施锦标激励的重大输水工程交易中，多承包方的行为选择主要受努力工作得到的锦标激励物质奖励程度、公平偏好带来的效用、机会主义行为的投机收益、投机行为受到的惩罚和精神激励的潜在收益五个因素的影响。其中，锦标激励的物质奖励程度、公平偏好带来的效用和机会主义行为的投机收益这三个因素直接影响承包方的行为。在业主的"弱监管"策略下，当业主提供给获胜承包方努力行为的物质奖励与其公平偏好带来的正效用之和大于获胜承包方的投机收益时，获胜承包方倾向选择诚信的努力行为；对竞争失败的承包方而言，只有业主提供的物质奖励与公平偏好负效用之和大于其投机所得时，失败承包方才会倾向选择努力工作。实现系统最优博弈均衡的关键在于使多承包方"努力"行为的收益大于"投机"行为的收益。为实现锦标激励效果的最优，业主根据影响承包方行为的关键因素，设计合理的锦标激励方案显得尤为重要。

值得注意的是，当重大输水工程交易中参与锦标竞争的承包方个数 $i$ 大于 2（$i>2$）时，博弈模型分析过程相同，且 $i$（$i>2$）个承包方参与竞争的博弈模型的系统最优稳定性条件和主体行为影响因素与 2 个承包方参与竞争的博弈模型结论一样。2 个承包方参与竞争的演化博弈模型的结论可以推广到 $i>2$ 个承包方参与竞争的情境。

业主作为锦标激励政策的制定者和实施者，设计合理的锦标激励条款，特别是针对不同等级激励系数的设定直接影响锦标激励的实施效果。在管理实践中，为有效抑制多承包方的投机行为，营造良好的建设市场环境，业主有必要设置合理的锦标激励条款，鼓励和引导多承包方诚信且努力地工作。首先，业主应根据科学的锦标激励模型，设置公平合理的锦标激励方案。这不仅可以使锦标激励强度满足对多承包方行为的激励相容约束，起到对多承包方激励的效果，还可以增加多承包方公平偏好的心理感知，以此来提高多承包方的努力水平。其次，业主可以根据实际情况适当提高承包方违规行为的成本，增大对承包方投机行为的惩罚力度，以此来约束承包方的不良行为。最后，业主可以构建合理的声誉发布平台，对在锦标竞争中表现突出的承包方团队进行表彰，对存在问题的承包方团队进行通报批评。良好的声誉平台不仅可以满足承包方精神层面的追求，还可以帮助市场约束承包方的不良行为。业主采取实施锦标激励而降低监管程度的管理方式，也是由微观监管向综合性的宏观监管策略的转变，符合近年来政府大力创新工程质量监管模式的总价值取向。

## 3.4　本章小结

本章构建了重大输水工程交易中实施锦标激励的演化博弈模型，探讨了业主和多承包方的行为演化方式和影响因素，分析了系统的最优策略组合。首先，对重大输水工程交易中实施锦标激励的目标和内容进行描述，分析锦标激励的作用机理；其次，分析锦标激励情境下重大输水工程交易中博弈主体的行为选择，为重大输水工程交易中实施锦标激励的博弈分析提供基础；最后，构建锦标激励下业主与多承包方之间的演化博弈模型，探讨了博弈主体的行为策略选择和系统稳定均衡点。并利用演化仿真的方法，分析了业主与多承包方的行为演化规律和影响因素，为业主制定合理的锦标激励方案提供基础。本章的主要研究结论如下：

（1）在实施锦标激励的重大输水工程交易中，业主、承包方1和承包方2的演化均衡策略为{弱监管，投机，投机}、{监管，投机，投机}、{弱监管，努力，投机}、{弱监管，投机，努力}、{监管，努力，投机}、{监管，投机，努力}或{弱监管，努力，努力}。其中，{弱监管，努力，努力}策略为整个系统最理想的策略。

（2）通过对业主和多承包方之间行为的演化规律分析发现，当锦标竞争获胜承包方和失败承包方努力行为获得的物质奖励程度和公平偏好的效用之和始终大于其投机行为所获的收益时，有限理性的多承包方会不断调整自身策略，最终选择"努力"行为策略，业主的"弱监管"策略为占优策略。此时，整个系统稳定在{弱监管，努力，努力}的最理想策略组合。实现系统最优博弈均衡的关键在于使多承包方"努力"行为的收益大于"投机"行为的收益，这取决于业主实施锦标激励的引导政策。

（3）在实施锦标激励的重大输水工程交易中，业主的行为选择主要受监管成本与不同监管程度下的损失大小的影响；承包方的行为选择主要受锦标激励的物质奖励程度、公平偏好带来的效用、机会主义行为的投机收益、投机行为受到的惩罚和精神激励的潜在收益五个因素的影响。其中，锦标激励的物质奖励程度、公平偏好带来的效用和机会主义行为的投机收益这三个因素直接影响承包方的行为。为实现最佳的锦标激励效果，业主根据影响承包方行为的关键因素，设计合理的锦标激励方案显得尤为重要。

# 第 4 章

# 重大输水工程交易中多目标锦标激励方案设计

通过上一章重大输水工程交易中实施锦标激励的演化博弈分析发现，多承包方的行为选择主要受锦标激励物质奖励程度、公平偏好带来的效用和机会主义行为的投机收益这三个因素的影响。为保证锦标激励的实施效果，业主作为锦标激励政策的制定者和实施者，设计合理的锦标激励方案，特别是根据影响承包方行为的主要因素设计不同等级的激励系数尤为重要。本章根据重大输水工程交易的特点，基于委托代理理论、锦标赛理论和公平偏好理论等，构建基于公平偏好的重大输水工程交易中多目标"J"形锦标激励模型，并设计锦标激励结构，最终确定锦标薪酬分配方案，为锦标激励在实际工程中的应用提供策略基础。

## 4.1 重大输水工程交易中实施锦标激励的目标和原则

设计重大输水工程交易中多目标的锦标激励方案，第一步应该明确实施锦标激励的具体目标和原则，需要根据重大输水工程交易中锦标激励的总体目标，对具体的质量、进度和安全目标做出细化，以此来确定实施锦标激励的具体方向。第二步需要根据重大输水工程交易的特点，确定重大输水工程交易中锦标激励的实施原则，对锦标激励的具体操作规则做出规定，为锦标激励的实施提供依据和标准。

### 4.1.1 实施锦标激励的具体目标

工程建设的质量、进度、成本和安全目标的落实，是施工管理中的重点。对于工程承包任务，承包方会为了追求自身利益最大化而控制工程造价，承包方具有控制工程成本的驱动力，因此，业主在对承包方激励时不需要考虑对成本控制的激励。首先，重大输水工程的质量不仅关乎其工程功能的发挥，还对社会经济发展和人民财产安全产生直接影响，在重大输水工程建设过程中工程建设质量目标应首先得以满足，而承包方在施工过程中多会为了追求自身利益而忽略工程建设质量，因此，业主在确定锦标激励目标时，应该将承包方的工程建设质量目标考虑在内。其次，重大输水工程施工工期的长短直接关系到区域用水计划的完成和经济效益的发挥，为尽早发挥工程效能，业主会鼓励承包方精心策划进度计划，并按照进度计划要求提前竣工。因此，业主在确定锦标激励目标时，应将承包方的建设进度目标考虑在内。最后，建设工程的施工安全一直是国家、政府和社会关注的重点，住房和城乡建设部十分重视施工中的安全管理，尤其是重大工程建设的安全。重大输水工程大多处于地理位置复杂、地势险峻的地区，其施工安全管理更不应被忽视，业主在确定锦标激励目标时，应将承包方的施工安全管理目标考虑在内。综上所述，业主主要从施工质量、进度和安全三个目标对承包方实施行为进行激励。根据重大输水工程的特点和相关标准，从质量、进度和安全三个方面确定锦标激励的具体目标，内容如下：

（1）工程质量目标。符合《水利水电工程施工质量检验与评定规程》的规定，达到合同规定的质量要求，最大限度地满足重大输水工程的质量与使用功能要求。为保证工程功能的实现，参考国家和地方政府对重大水利建设项目的质量管理要求，业主在工程招标过程中设置相应的工程质量最低标准，包括工程性能、寿命、可靠性、安全性等标准，工程建设过程中的质量验收是工程款项/费用支付的依据。为实现重大输水工程的建设目标，鼓励承包方投入优秀的参建人员、创新的施工技术和优质的资源，提高工程质量，建设更优质的工程。根据国家相关质量管理条例、法规和制度，拟定合理的质量管理评价指标。当承包方的工程质量达到或高于合同约定的质量目标时，则对相应排名的承包方给予一定的奖励；当承包方的实际工程质量没有达到合同约定的质量目标时，则对承包方给予一定的惩罚。

（2）工程进度目标。在项目预定的时间内按时或提前完工，满足各个阶段的时间要求和总工期要求。在重大输水工程的交易中，工程的进度计划对施工组织设计具有重要影响，其合理性直接影响工程的质量、安全和工期。因此，鼓励承包方在施工开始前，按照合同规定编制合理的施工进度计划，并在施工过程中根据施工进度计划进行对比和检查，对工期延后的施工任务及时做出分析，找出原因，采取有效补救措施，调整施工进度，保证施工任务按时按质按量完成。对工程进度的激励主要从承包方施工进度计划以及施工进度实施情况等方面来考量。当承包方的实际工期早于合同约定工期目标时，则对相应承包方给予一定的奖励；当承包方的实际工期迟于合同约定工期目标时，则对相应承包方给予一定的惩罚。在工程进度目标最终激励效果的评定中，应根据实际情况减去非承包方原因造成的工期变化。

（3）工程安全目标。工程安全管理激励的目标是确保工程人员和质量的安全，消除一切安全隐患和风险，确保不发生质量安全事故和人员伤亡。为增强工程承包方安全管理意识，促使其加强施工作业中的安全管理，工程在建设过程中需要对工程承包方安全管理进行激励。工程施工安全激励是以减少施工过程中工程事故损失为目的，保障安全生产的管理活动，主要包括对施工作业中的不安全行为的控制和防范，安全管理体系和安全文明生产能力等方面的落实。工程施工安全管理激励涉及安全生产和文明施工两个方面的激励，涵盖了重大输水工程施工作业中的所有安全问题，包括安全管理、控制和保障等相关内容。

### 4.1.2 实施锦标激励的原则

（1）在工程实施前，业主应对锦标激励的实施规则、实施办法和考核标准等事项进行全面部署，在施工合同中明确开展锦标激励的相关合同条款，并在工程实施过程中严格执行，保证锦标激励的合法性和规范性。此外，根据中华人民共和国财政部2016年发布的《基本建设财务规则》（中华人民共和国财政部令第81号）的规定，业主在施工合同条款中需要对锦标激励的措施进行明晰，作为后续激励支出的依据，保证锦标激励款项支出的合法性。在工程开始建设实施时，工程合同价或计价方式已经确定，在此仅考虑业主对承包方激励的支付以及承包方能够获得的激励收益。

（2）在重大输水工程交易的锦标激励设置中，针对多标段同时施工的情境，采用"相对业绩比较"的方法，在锦标竞争中按照统一的施工评价标准对参与竞争的所有承包方的业绩进行打分排序，并根据合同约定的激励结构（奖励比例）给予相应承包方不同的物质奖励，并召开表彰大会对优秀的承包方团队进行表彰。通过"比进步、比创新、比管理、比操作、比效率"，营造出健康有序的锦标竞争氛围，充分发挥榜样的带动作用。

（3）为了统一对多个承包方的激励标准，保证锦标激励的公平性，锦标激励的实施应该在工程项目类似或施工类型相同的标段或子项目之间进行[233]，不同类型的子项目可以分类实施锦标激励，锦标激励的实施周期通常以季度或年度为单位。承包方参与锦标竞争的输赢取决于它们产出效益相对高低的排序，当承包方的产出效益最高时，便赢得锦标竞赛，获得最高奖励。

（4）为有效防止多个承包方之间合谋行为的发生，业主应根据合同要求规定所有承包方应达到的最低工程标准，并设置最低工程标准样板段，对于不达标或者不按照要求施工的承包方有权要求其返工。

（5）明确相关惩罚制度。首先，严格按照水利部2019年出台的《水利工程建设质量与安全生产监督检查办法（试行）》和《水利工程合同监督检查办法（试行）》（水监督〔2019〕139号）中的相关规定，对承包方的质量、进度和安全生产进行监督检查、问题认定和惩罚追责[234]。其次，对在锦标竞赛中采取投机行为的承包方团队进行处罚，惩罚形式表现为罚款加通报批评，罚款额度根据工程实际情况确定。最后，明确安全责任追溯制度，在某一关键任务完工验收时，若未能保持"零事故"，则按照相关规定对负责该标段建设的承包方进行惩罚。

（6）在锦标激励中获胜的承包方，其施工质量、进度和工期均需满足激励目标，若有一项目标不满足要求或标准，则取消激励资格，排名在其后的承包方延续（顺延）。一旦承包方在施工过程中采取投机行为，则取消其在此次竞争中的激励资格，并进行处罚。

## 4.2　基于公平偏好的多目标"J"形锦标激励模型构建

与一般建设项目相比，重大输水工程的建设具有多承包方参与和多任务产出的特点，需要多个承包方同时实现工程质量、进度和安全等建设目标[90]。在重大输水工程交易中，有必要对多代理人的多任务产出进行激励，实现资源的合理配置，确保多承包方多任务产出的均衡。因此，本节以重大输水工程交易的工程质量、进度和安全为激励目标，设计了基于公平偏好的"J"形锦标激励模型。

根据委托代理理论，基于LR经典锦标激励模型框架，本节建立了考虑多承包方公平偏好的多目标锦标激励模型。本研究设计的锦标激励模型与LR锦标激励模型和传统线性激励模型的对比与区别如表4.1所示。

激励模型之间的对比

表4.1

| 模型 | 应用范围 | 优点 | 缺点 | 目标 |
|---|---|---|---|---|
| HM 激励模型 | 基于委托代理关系的合同行为 | ①激励代理人投入最优水平的努力，降低委托人的监管成本；②抑制代理人潜在机会主义行为的发生 | 考核工作量大，未横向对比多代理人的工作绩效，无法协同管理 | 设计有效的激励模型来激励单一代理人投入最佳水平的努力 |
| LR 锦标激励模型 | ①公司治理中对CEO行为的激励；②企业管理中对员工的激励；③学术创新；④政治晋升等 | ①对解决多代理人的激励具有积极作用；②薪酬差距可以提供强有力的激励，降低监管成本 | 未针对不同排名的代理人提出具体的薪酬分配方案 | 研究薪酬差距对代理人努力水平的影响以促进激励方案的制定 |
| 本研究设计的锦标激励模型 | 工作内容相似、多代理人平行工作的重大工程建设活动 | ①对多代理人的平行工作起到激励作用；②将公平偏好心理倾向引入锦标激励模型；③设计具体的"J"形锦标激励薪酬分配方案；④起到对多代理人行为的协同管理 | 仅适用于工作内容相似的并行操作 | 基于排序和公平偏好程度设计锦标激励薪酬分配方案，以激发多代理人的努力行为 |

资料来源：作者根据相关文献整理[235]。

## 4.2.1　基本假设及模型构建

通过对重大输水工程交易中实施锦标激励的演化博弈分析发现，承包方的公平偏好倾向和投机行为收益会对其行为选择产生影响。本节在设计重大输水工程交易中的锦标激励模型时，充分考虑了承包方的公平偏好心理和投机行为倾向。根据HM激励模型和LR锦标激励模型，按以下基本假设来构建考虑公平偏好的重大输水工程交易的锦标激励模型：

假设1：遵循经典的LR锦标激励模型的分析方法又不失一般性，设定有两个同质的承包方$i$和$j$（作为代理人）参与锦标竞争，且每个承包方团队被看作一个单位，承包方之间的建设任务是相互独立且不受彼此影响的，即承包方之间不存在互助、拆台等交互行为。承包方会关注他们的激励收入以及彼此之间的收入比较。

假设2：根据锦标激励的具体目标，业主从工程质量、进度和安全三个任务出发，对承包方进行激励。由于承包方的精力是有限的，在一项任务上付出精力的增加会导致其在另外任务上付出精力的减少，且施工中的工程质量、进度和安全三者是相互依存、对立的矛盾关系，因此，承包方在完成重大输水工程的质量、进度和安全多任务产出时，会合理区分三个任务的重要程度。根据经典的HM激励模型，假设承包方$i$在追求工程质量目标上付出的努力程度为$e_{i1}$，在追求工程进度目标上付出的努力程度为$e_{i2}$，在追求安全目标上付出的努力程度为$e_{i3}$，三者均为一维变量，$e_{i1} \in (0, 1)$，$e_{i2} \in (0, 1)$，$e_{i3} \in (0, 1)$。承包方$i$对工程质量目标的重视程度为$m$，对工程进度目标的重视程度为$n$，对工程安全目标的重视程为$o$，则$m+n+o=1$[54]。

假设3：根据公平偏好理论的分析，承包方的公平偏好心理倾向来自三个方面，即绝对收入效用、嫉妒偏好效用和自豪偏好效用[228]。在重大输水工程交易的锦标激励中，多承包方不仅关注自身的收益，还会关心奖励分配的结果是否公平[236]。当承包方的物质收益高于其他承包方时，其将产生积极的自豪偏好。相反，若承包方的物质收益低于其他承包方时，会产生消极的嫉妒偏好。在考虑公平偏好的锦标激励模型中，$\partial$是承包方在锦标竞争中获胜的自豪偏好，$\delta$是承包方在锦标竞争中失利的嫉妒偏好，$0 < \partial < 1$，$0 < \delta < 1$。$W_H$是排名第一的承包方在锦标竞争中获得的物质奖励，$W_L$是排名第二的承包方获得的物质奖励，$\Delta W$是激励差额，$\Delta W = W_H - W_L$。承包方$i$在锦标竞争中获得第一的概率为$P_i$，则承包方$i$在锦标竞争中获得第二的概率为$1-P_i$。

假设4：根据委托代理激励模型的经典假设，业主（作为委托人）是风险中性的；承包方$i$（作为代理人）是风险规避的，风险规避系数为$\rho$。

现根据经典的委托代理激励模型和LR锦标激励模型，设计基于公平偏好的重大输水工程交易中多目标激励的锦标激励模型。在对多目标激励任务产出进行衡量时，需要使用一致的测度标准，我们把质量、工期和安全任务转化为等价的货币值，以统一度量标准。

（1）承包方的努力成本函数。承包方在工程施工时，在质量、进度和安全上投入努力需要付出一定的努力成本。在工程实践中，承包方在面临多任务产出时，在一项任务上付出更多的努力，会影响其在其他任务上付出的努力水平，但这不一定会引起在其他任务上付出相同努力所花费努力成本的变化[237, 238]。因此，在符合工程实际情况的背景下，承包方在质量、进度和安全任务上花费的努力成本相互独立[54]，承包方在三项任务上花费的努力成本和努力程度与努力成本系数相关，且随着努力程度边际成本递增，即$C(e_i)' > 0$，$C(e_i)'' > 0$。则承包方$i$的努力成本函数可表示为[239]：

$$C(e_i) = \frac{1}{2}c_{i1}e_{i1}^2 + \frac{1}{2}c_{i2}e_{i2}^2 + \frac{1}{2}c_{i3}e_{i3}^2 \qquad (4.1)$$

公式（4.1）中，$C(e_{i1})$是承包方$i$追求工程质量目标的努力成本；$C(e_{i2})$是承包方$i$追求工程进度目标的努力成本；$C(e_{i3})$是承包方$i$追求工程安全目标的努力成本。$c_{i1}$代表承包方$i$追求工程质量目标的努力成本系数，$c_{i1} > 0$；$c_{i2}$代表承包方$i$追求工程进度目标的努力成本系数，$c_{i2} > 0$；$c_{i3}$代表承包方$i$追求工程安全目标的努力成本系数，$c_{i3} > 0$。

（2）承包方$i$追求机会主义投机行为的成本函数。承包方在施工过程中，为了谋取私利而追求机会主义行为而花费的成本为$C(d_i)$，则追求机会主义行为的成本函数可以表示为：

$$C(d_i) = \frac{1}{2}fd_i^2 \qquad (4.2)$$

公式（4.2）中，$f$ 为承包方追求机会主义行为的成本系数，$f \in [0, 1]$；$d_i$ 为追求机会主义行为的努力程度。

（3）承包方 $i$ 在施工过程中追求机会主义行为的收益函数。承包方 $i$ 在施工过程中，追求机会主义行为的倾向程度为 $\lambda$，$\lambda \in [0, 1]$。$\lambda$ 越大意味着承包方追求机会主义行为的倾向就越强，则其在施工过程中采取机会主义行为的可能性就越大；当 $\lambda = 0$ 时，意味着承包方没有追求机会主义行为的心理倾向。承包方追求机会主义行为获得的收益为 $D$，则收益函数 $D$ 可以表示为[224]：

$$D(d_i) = \lambda d_i + \xi \tag{4.3}$$

公式（4.3）中，$\xi$ 指在工程施工过程中，建设工程所处的社会经济、地理环境、自然条件及施工技术等多方面综合起来对承包方追求机会主义行为造成的不确定因素，$\xi$ 服从正态分布，即 $\xi \sim N(0, \sigma_1^2)$。

（4）承包方的产出函数。根据工程实践可知，承包方在一项任务中努力水平的增加可能会影响到其他任务的努力水平。承包方 $i$ 的产出 $\pi_i$ 与承包方 $i$ 在三项任务上付出的努力水平 $e_{i1}$，$e_{i2}$，$e_{i3}$ 以及外部环境的不确定性因素 $\varepsilon$ 有关。$e_{i1}$ 越大证明承包方 $i$ 在追求工程质量目标上投入的努力水平越大，$e_{i2}$ 越大证明承包方 $i$ 在工程进度目标上投入的努力水平越大，$e_{i3}$ 越大证明承包方 $i$ 在工程安全管理目标上投入的努力水平越大。根据交易成本经济学，承包方 $i$ 的产出是建设工程的收益，也是业主的收益。根据相关研究结果[243, 244]，承包方 $i$ 的产出函数可表示为：

$$\pi_i = m_i e_{i1} + n_i e_{i2} + o_i e_{i3} + \varepsilon \tag{4.4}$$

在不同时期，承包方对质量、进度和安全的重视程度有所不同。$\varepsilon$ 指在工程施工过程中，建设工程所处的地理环境、自然条件、社会经济及施工技术等综合因素对承包方施工行为造成的影响，$\varepsilon$ 服从正态分布，即 $\varepsilon \sim N(0, \sigma_1^2)$，$\xi$ 和 $\varepsilon$ 相互独立。

（5）承包方 $i$ 在锦标激励中获胜的概率。在锦标竞争中，排名第一的承包方获得的奖励为 $W_H$；排名第二的承包方获得的奖励为 $W_L$；$\Delta W$ 是锦标激励差额，$\Delta W = W_H - W_L$。承包方 $i$ 在锦标竞争中排名第一的概率为 $P_i$，则承包方 $i$ 在锦标竞争中排名第二的概率为 $1 - P_i$。根据经典的 LR 锦标激励模型，承包方 $i$ 在锦标竞争中获得第一名的概率 $P_i$ 可以表示为[151]：

$$\begin{aligned}
P_i &= prob(\pi_i > \pi_j) = prob[(m_i e_{i1} + n_i e_{i2} + o_i e_{i3} + \varepsilon_i) > (m_j e_{j1} + n_j e_{j2} + o_j e_{j3} + \varepsilon_j)] \\
&= prob[m_i e_{i1} + n_i e_{i2} + o_i e_{i3} - (m_j e_{j1} + n_j e_{j2} + o_j e_{j3}) > (\varepsilon_j - \varepsilon_i)] \\
&= prob[m_i e_{i1} + n_i e_{i2} + o_i e_{i3} - (m_j e_{j1} + n_j e_{j2} + o_j e_{j3}) > \xi] \\
&= H[m_i e_{i1} + n_i e_{i2} + o_i e_{i3} - (m_j e_{j1} + n_j e_{j2} + o_j e_{j3})]
\end{aligned} \tag{4.5}$$

公式（4.5）中，$\xi = \varepsilon_j - \varepsilon_i$，$E(\xi) = 0$，且 $D(\xi^2) = 2\sigma^2$。$H[m_i e_{i1} + n_i e_{i2} + o_i e_{i3} - (m_j e_{j1} + n_j e_{j2} + o_j e_{j3})]$ 是 $\xi$ 的分布函数，$h[m_i e_{i1} + n_i e_{i2} + o_i e_{i3} - (m_j e_{j1} + n_j e_{j2} + o_j e_{j3})]$ 是 $\xi$ 的密度函数，则概率密度函数可以表示为：

$$\begin{aligned}
&h[m_i e_{i1} + n_i e_{i2} + o_i e_{i3} - (m_j e_{j1} + n_j e_{j2} + o_j e_{j3})] \\
&= H'[m_i e_{i1} + n_i e_{i2} + o_i e_{i3} - (m_j e_{j1} + n_j e_{j2} + o_j e_{j3})]
\end{aligned} \tag{4.6}$$

（6）承包方$i$的净收益。承包方$i$的净收益$U_i$由业主支付的费用$W_i$、承包方$i$的努力成本$C(e_i)$、承包方追求机会主义行为的成本$C(d_i)$、承包方$i$的施工收益$D(d_i)$和其公平偏好心理带来的效用决定。因此，承包方$i$的净收益可以表示为：

$$U_i = P_i W_H + (1-P_i)W_L - C(e_i) - C(d_i) + D(d_i) + \partial \Delta W \max(W_i - W_j; 0) - \delta \max(W_j - W_i; 0) \quad （4.7）$$

特别地，当承包方$i$排名第一时，他将获得$W_H$的奖励，并且会获得自豪的正边际效用$\partial \Delta W$。此时，承包方$i$的净收益可以表示为：

$$U_i^H = W_H + \partial \Delta W - \frac{1}{2}(c_{i1}e_{i1}^2 + c_{i2}e_{i2}^2 + c_{i3}e_{i3}^2) - \frac{1}{2}fd_i^2 + \lambda d_i + \xi \quad （4.8）$$

当承包方$i$排名第二时，他将获得$W_L$的奖励，并且会获得嫉妒的负边际效用损失$\delta \Delta W$。此时，承包方$i$的净收益可以表示为：

$$U_i^L = W_L - \delta \Delta W - \frac{1}{2}(c_{i1}e_{i1}^2 + c_{i2}e_{i2}^2 + c_{i3}e_{i3}^2) - \frac{1}{2}fd_i^2 + \lambda d_i + \xi \quad （4.9）$$

则承包方$i$的预期效用为：

$$EU_i = P_i U_i^H + (1-P_i)U_i^L = P_i \Delta W(1+\partial+\delta) + W_L - \delta \Delta W$$
$$- \frac{1}{2}(c_{i1}e_{i1}^2 + c_{i2}e_{i2}^2 + c_{i3}e_{i3}^2) - \frac{1}{2}fd_i^2 + \lambda d_i \quad （4.10）$$

（7）业主的净收益。当承包方$i$在施工过程中具有机会主义倾向时，这些倾向最终会诱发机会主义行为，这势必会对项目的整体收益造成不好的影响。因此，业主的收益应考虑承包方机会主义行为带来的负效应，则业主的收益可以表示为$\pi_i - D(h_i)$，业主的支出为$W_i$，鉴于业主是风险中性的，业主的期望净收益为：

$$Eo = \pi_i - D(h_i) - W_i = m_i e_{i1} + n_i e_{i2} + o_i e_{i3} - \lambda d_i - W_i$$
$$= m_i e_{i1} + n_i e_{i2} + o_i e_{i3} - \lambda d_i - (P_i \Delta W + W_L) \quad （4.11）$$

（8）锦标激励模型的构建。根据激励理论，在非对称信息下，业主是锦标激励报酬的设计者，追求自身利益最大化，前提是满足（IR）和（IC）的约束条件。因此，重大输水工程交易中的锦标激励等同解决以下激励约束问题。

$$\max \quad Eo = m_i e_{i1} + n_i e_{i2} + o_i e_{i3} - \lambda d_i - (P_i \Delta W + W_L)$$

$$\begin{cases} (IR) P_i \Delta W(1+\partial+\delta) + W_L - \delta \Delta W - \frac{1}{2}(c_{i1}e_{i1}^2 + c_{i2}e_{i2}^2 + c_{i3}e_{i3}^2) - \frac{1}{2}fd_i^2 + \lambda d_i \geq U_0 \\ (IC) e_i \in \max P_i \Delta W(1+\partial+\delta) + W_L - \delta \Delta W - \frac{1}{2}(c_{i1}e_{i1}^2 + c_{i2}e_{i2}^2 + c_{i3}e_{i3}^2) - \frac{1}{2}fd_i^2 + \lambda d_i \end{cases} \quad （4.12）$$

根据激励模型的求解方法，承包方$i$在建设工程质量上付出的最优努力水平为：

$$e_{i1} = \frac{h[(m_i e_{i1} + n_i e_{i2} + o_i e_{i3}) - (m_j e_{j1} + n_j e_{j2} + o_j e_{j3})]\Delta W(1+\partial+\delta)}{c_1} \quad （4.13）$$

承包方$i$在建设工程进度上付出的最优努力水平为：

$$e_{i2} = \frac{h[(m_i e_{i1} + n_i e_{i2} + o_i e_{i3}) - (m_j e_{j1} + n_j e_{j2} + o_j e_{j3})]\Delta W(1+\partial+\delta)}{c_2} \quad （4.14）$$

承包方$i$在建设工程安全管理方面付出的最优努力水平为：

$$e_{i3} = \frac{h[(m_i e_{i1} + n_i e_{i2} + o_i e_{i3}) - (m_j e_{j1} + n_j e_{j2} + o_j e_{j3})]\Delta W(1+\partial+\delta)}{c_3} \qquad (4.15)$$

承包方$i$追求机会主义行为的最优程度水平为：

$$d_i^* = \frac{\lambda}{f} \qquad (4.16)$$

Siemens认为代理人之间对收入不平等的感知程度是没有差异的[242]。因此，可以认为所有承包方之间的公平偏好程度是相同的，假设承包方的公平偏好系数为$k$，$k \in [0，1]$。研究发现，在锦标激励中，锦标激励获胜的自豪偏好大于锦标失败的嫉妒偏好，根据相关研究，锦标竞争获胜承包方的自豪偏好为$\partial=2k$，锦标竞争失败承包方的嫉妒偏好为$\partial=k$[238]。特别地，当$k=0$，即每个承包方的公平偏好程度为零，此时承包方没有公平偏好倾向。因此，承包方$i$在建设工程质量上付出的最优努力水平可以表示为：

$$e_{i1}^* = \frac{h[(m_i e_{i1} + n_i e_{i2} + o_i e_{i3}) - (m_j e_{j1} + n_j e_{j2} + o_j e_{j3})]\Delta W(1+3k)}{c_1} \qquad (4.17)$$

同理，承包方$i$在建设工程进度上付出的最优努力水平可表示为：

$$e_{i2}^* = \frac{h[(m_i e_{i1} + n_i e_{i2} + o_i e_{i3}) - (m_j e_{j1} + n_j e_{j2} + o_j e_{j3})]\Delta W(1+3k)}{c_2} \qquad (4.18)$$

承包方$i$在建设工程安全上付出的最优努力水平可表示为：

$$e_{i3}^* = \frac{h[(m_i e_{i1} + n_i e_{i2} + o_i e_{i3}) - (m_j e_{j1} + n_j e_{j2} + o_j e_{j3})]\Delta W(1+3k)}{c_3} \qquad (4.19)$$

## 4.2.2 模型分析及讨论

根据上述结果得到以下分析结论：

推论1：锦标激励差额能激励多承包方在工程质量、进度和安全上付出更多的努力。

由公式（4.17）、公式（4.18）和公式（4.19）可知，$\partial e_{i1}^* / \partial \Delta W > 0$，$\partial e_{i2}^* / \partial \Delta W > 0$，$\partial e_{i3}^* / \partial \Delta W > 0$；这说明在承包方锦标竞争获胜概率和公平偏好系数一定的情况下，承包方在三个目标上的努力程度与业主给予的锦标激励的差额呈正相关关系。即承包方在工程质量上的最优努力程度$e_{i1}^*$、追求进度的最优努力程度$e_{i2}^*$和追求安全的最优努力程度$e_{i3}^*$是关于锦标激励差额$\Delta W$的单调递增函数，承包方在工程质量、进度和安全上付出的最优努力程度均会随着锦标激励差额的增加而增加。锦标激励差额越大，承包方在三个目标上的努力程度就越大，锦标激励差额可以实现对多承包方的激励。重大输水工程交易中承包方的总产出为：$\pi_i = m_i e_{i1} + n_i e_{i2} + o_i e_{i3} + \varepsilon$，这意味着重大输水工程的建设收益随着承包方努力水平的增加而增加，锦标激励差额的增加可以间接导致工程建设总收益的增加。因此，业主可以通过阶梯式奖金的形式，利用锦标激励差额鼓励多承包方在质量、进度和安全目标上投入最优的努力水平，从而实现"双赢"的效果。

推论2：承包方的努力成本系数对承包方在工程质量、进度和安全上付出的努力产生消极影响。

由公式（4.17）、公式（4.18）和公式（4.19）可知，$\partial e_{i1}^{*}/\partial c_1 < 0$，$\partial e_{i2}^{*}/\partial c_2 < 0$，$\partial e_{i3}^{*}/\partial c_3 < 0$；即承包方在工程质量、进度和安全上付出的努力与努力成本系数呈负相关关系。承包方在工程质量上付出的最优努力程度$e_{i1}^{*}$、工程进度上付出的最优努力程度$e_{i2}^{*}$和工程安全上付出的最优努力程度$e_{i3}^{*}$分别是关于其努力成本系数$c_1$、$c_2$和$c_3$的单调递减函数。表明承包方在追求工程质量、进度和安全上的最优努力程度均会随着其成本系数的增加而减少。因此，为减少努力成本系数对承包方努力程度的影响，业主在招标过程中，可以根据承包方以往的施工效率来判断其努力成本系数的大小，尽量选择努力成本系数小的承包方，以使其在相同施工条件下付出的努力水平最优。

推论3：承包方在工程质量、进度和安全上付出的努力水平在一定程度上依赖公平偏好心理倾向的大小。

由公式（4.17）、公式（4.18）和公式（4.19）可知，$\partial e_{i1}^{*}/\partial k < 0$，$\partial e_{i2}^{*}/\partial k < 0$，$\partial e_{i3}^{*}/\partial k < 0$；即承包方在工程质量、进度和安全上付出的努力与公平偏好系数呈正相关关系。承包方在追求工程质量上的最优努力程度$e_{i1}^{*}$、追求工程进度上的最优努力程度$e_{i2}^{*}$和追求工程安全上的最优努力程度$e_{i3}^{*}$均是公平偏好系数$k$的单调递增函数，承包方在三个目标上付出的最优努力程度会随着公平偏好系数的增加而增加。这说明获胜承包方的公平偏好倾向越大，其在三个目标上的努力程度就越大。在锦标激励差额一定的情况下，承包方在三个目标上的努力水平对公平偏好的依赖性较强。

推论4：承包方追求机会主义行为的水平主要取决于机会主义行为的倾向和追求机会主义行为的成本系数的大小。

由公式（4.16）可知，$\partial d_i^{*}/\partial \lambda > 0$，$\partial d_i^{*}/\partial f < 0$；承包方追求机会主义行为的水平与其机会主义行为的倾向正相关，与追求机会主义行为的成本系数负相关。承包方追求机会主义的水平$d_i$是其机会主义行为倾向$\lambda$的单调递增函数，是其追求机会主义行为成本系数$f$的单调递减函数。这说明承包方追求机会主义行为的倾向越大，其机会主义行为的水平就越高；而追求机会主义行为付出的成本系数越大，机会主义行为的水平就越低。值得注意的是，在公式（4.16）中，当$\lambda$等于零时，即承包方无机会主义倾向时，无论承包方追求机会主义成本系数为多少，承包方的机会主义水平都为零。因此，业主在制定合同时，应关注承包方潜在的机会主义行为倾向，制定合理的激励合同来抑制其机会主义行为的发生。

推论5：承包方追求机会主义行为的倾向不会直接影响承包方在工程质量、进度和安全上付出的最优努力水平。

由公式（4.13）、公式（4.14）、公式（4.15）和公式（4.17）、公式（4.18）、公式

（4.19）可以看出，承包方在工程质量、进度和安全上付出的最优努力水平与机会主义行为倾向没有直接函数关系。承包方追求机会主义行为的倾向不会对承包方在工程质量、进度和安全上付出的最优努力水平造成影响。因此，无论多承包方的机会主义行为倾向如何，只要实施锦标激励，锦标激励差额均会诱使多承包方在工程质量、进度和安全上付出最优努力水平。承包方的机会主义行为倾向会在一定程度上影响其机会主义行为，但不会对努力行为造成直接影响。因此，业主在招标过程中应仔细审查承包方的商业状况，特别是财务状况和社会声誉，来分析他们是否有实力完成项目，正确识别其参与工程的真实意图，从而减少承包方机会主义行为的发生。

研究发现，在重大输水工程交易中，锦标激励的设置可以起到对多承包方在不同激励目标上的激励，是提高多承包方最优努力水平的有效手段。为了进一步确定锦标激励的薪酬分配方案，业主有必要根据多承包方的公平偏好程度和排名设计锦标激励系数，以更加准确和科学地量化不同排名承包方的激励程度。

### 4.2.3 基于公平偏好的锦标激励系数设计

上节内容分析了锦标激励差额对多承包方努力行为的影响，发现基于相对绩效的锦标激励对多承包方的努力行为具有激励作用，且承包方追求机会主义行为的倾向不会直接影响承包方的最优努力水平。在"J"形锦标激励模型中，需要根据代理人不同的排名给予不同的奖励，需要探究为不同排名的承包方分别提供何种程度的激励才能起到激励约束的作用。因此，为了达到理想的锦标激励效果，本节基于HM激励模型和LR锦标激励模型，对现有锦标激励模型进行进一步设计和完善，得到重大输水工程交易中锦标激励的激励系数。

建设工程通常采用HM激励合同对代理人进行激励[225]，HM激励模型的合理性和有效性已经得到广泛分析和证明[243]。因此，本书根据相关研究结果，采取HM激励模型设计锦标激励系数。根据HM激励模型，业主提供给锦标竞争中多承包方$i$的激励函数可以表示为：

$$W_i = b + \beta_i \pi_i \tag{4.20}$$

在公式（4.20）中，$b$是业主支付给承包方的固定报酬，在重大输水工程交易中可以理解为目标成本。$\beta_i$（$i$=1，2）是业主提供给承包方$i$的激励系数，$\beta_i \in [0, 1]$。其中，$\beta_1$是业主给予在锦标竞争中排名第一的承包方的激励系数；$\beta_2$是业主给予在锦标竞争中排名第二的承包方的激励系数，$q=\beta_2/\beta_1$，$q$是激励递减系数。

（1）排名第一的承包方$i$的净收益$w_i$。在锦标竞争中，排名第一的承包方$i$的净收益$w_i$与业主提供的激励$W_i$和其公平偏好心理倾向正收益$2k_i（W_i-W_j）$正相关，与其付出努力的努力成本$C(e_i)$负相关。因此，排名第一的承包方的净收益可以表示为：

$$w_i = W_i - C(e_i) + 2k(W_i - W_j)$$

$$= b + \beta_1(m_ie_{i1} + n_ie_{i2} + o_ie_{i3} + \varepsilon) - \frac{1}{2}(c_{i1}e_{i1}{}^2 + c_{i2}e_{i2}{}^2 + c_{i3}e_{i3}{}^2)$$

$$+ 2k[b + \beta_1(m_ie_{i1} + n_ie_{i2} + o_ie_{i3} + \varepsilon) - b - \beta_2(m_je_{j1} + n_je_{j2} + o_je_{j3} + \varepsilon)]$$

$$= b + \beta_1(m_ie_{i1} + n_ie_{i2} + o_ie_{i3}) + \beta_1\varepsilon + 2k[(\beta_1(m_ie_{i1} + n_ie_{i2} + o_ie_{i3}) + \beta_1\varepsilon$$

$$- \beta_2(m_je_{j1} + n_je_{j2} + o_je_{j3}) - \beta_2\varepsilon] - \frac{1}{2}(c_{i1}e_{i1}{}^2 + c_{i2}e_{i2}{}^2 + c_{i3}e_{i3}{}^2) \qquad (4.21)$$

$$= b + \beta_1(m_ie_{i1} + n_ie_{i2} + o_ie_{i3}) + 2k[(\beta_1(m_ie_{i1} + n_ie_{i2} + o_ie_{i3}) - \beta_2(m_je_{j1} + n_je_{j2} + o_je_{j3})]$$

$$- \frac{1}{2}(c_{i1}e_{i1}{}^2 + c_{i2}e_{i2}{}^2 + c_{i3}e_{i3}{}^2) + \beta_1\eta$$

公式（4.21）中，$\eta = \varepsilon + 2k(\varepsilon - q\varepsilon)$，$\eta$代表承包方$i$面临的外部环境的整体干扰，$\eta$服从 $\eta \sim N(0, \sigma^2)$ 分布。

（2）排名第二的承包方$j$的净收益$w_j$。在锦标竞争中，排名第二的承包方$j$的净收益$w_j$与业主给予的激励$W_j$正相关，与其付出努力的努力成本$C(e_j)$和公平偏好心理倾向负收益$k_j(W_i - W_j)$相关。因此，排名第二的承包方$j$的净收益可以表示为：

$$w_j = W_j - C(e_j) - k(W_i - W_j)$$

$$= b + \beta_2(m_je_{j1} + n_je_{j2} + o_je_{j3} + \varepsilon) - \frac{1}{2}(c_{j1}e_{j1}{}^2 + c_{j2}e_{j2}{}^2 + c_{j3}e_{j3}{}^2)$$

$$- k[b + \beta_1(m_ie_{i1} + n_ie_{i2} + o_ie_{i3} + \varepsilon) - b - \beta_2(m_je_{j1} + n_je_{j2} + o_je_{j3} + \varepsilon)]$$

$$= b + \beta_2(m_je_{j1} + n_je_{j2} + o_je_{j3}) + \beta_2\varepsilon - k[\beta_1(m_ie_{i1} + n_ie_{i2} + o_ie_{i3} + \varepsilon) \qquad (4.22)$$

$$- \beta_2(m_je_{j1} + n_je_{j2} + o_je_{j3} + \varepsilon)] - \frac{1}{2}(c_{j1}e_{j1}{}^2 + c_{j2}e_{j2}{}^2 + c_{j3}e_{j3}{}^2)$$

$$= b + \beta_2(m_je_{j1} + n_je_{j2} + o_je_{j3}) - k[\beta_1(m_ie_{i1} + n_ie_{i2} + o_ie_{i3}) - \beta_2(m_je_{j1} + n_je_{j2} + o_je_{j3})]$$

$$- \frac{1}{2}(c_{j1}e_{j1}{}^2 + c_{j2}e_{j2}{}^2 + c_{j3}e_{j3}{}^2) + \beta_2\tau$$

公式（4.22）中，$\tau = \varepsilon - k(\varepsilon/q - \varepsilon)$，$\tau$代表承包方$j$面临的外部环境的整体干扰。两个承包方实施的是同一个重大输水工程，可以认为这两个承包方面临的外部干扰是相似的，$\tau$服从 $\tau \sim N(0, \sigma^2)$ 分布。

鉴于承包方是风险规避的，其风险回报可以由确定性等价收益代替[77]，确定性等价收益等于实际收益减去努力成本与收入的风险成本的均值。根据交易成本经济学，排名第一的承包方$i$的确定性等价收益可以表示为：

$$\tilde{w}_i = w_i - \frac{1}{2}\rho Var(w_i) = w_i - \frac{1}{2}\rho(w_i - Ew_i)^2$$

$$= b + \beta_1(m_ie_{i1} + n_ie_{i2} + o_ie_{i3}) + 2k[(\beta_1(m_ie_{i1} + n_ie_{i2} + o_ie_{i3}) - \beta_2(m_je_{j1} + n_je_{j2} + o_je_{j3})] \qquad (4.23)$$

$$- \frac{1}{2}(c_{i1}e_{i1}{}^2 + c_{i2}e_{i2}{}^2 + c_{i3}e_{i3}{}^2) - \frac{\rho\beta_1{}^2\sigma^2}{2}$$

相似地，排名第二的承包方$j$的确定性等价收益可以表示为：

$$\tilde{w}_j = w_j - \frac{1}{2}\rho Var(w_j) = w_j - \frac{1}{2}\rho(w_j - Ew_j)^2$$

$$= b + \beta_2(m_j e_{j1} + n_j e_{j2} + o_j e_{j3}) - k[\beta_1(m_i e_{i1} + n_i e_{i2} + o_i e_{i3}) - \beta_2(m_j e_{j1} + n_j e_{j2} + o_j e_{j3})] \qquad (4.24)$$

$$- \frac{1}{2}(c_{j1}e_{j1}^2 + c_{j2}e_{j2}^2 + c_{j3}e_{j3}^2) - \frac{\rho\beta_2^2\sigma^2}{2}$$

（3）业主的净收益$o$。根据假设4业主是风险中性的，因此，业主的期望净收益可以表示为：

$$Eo = m_i e_{i1} + n_i e_{i2} + o_i e_{i3} - (b + \beta_1\pi_i) + m_j e_{j1} + n_j e_{j2} + o_j e_{j3} - (b + \beta_2\pi_j)$$

$$= (1 - \beta_1)(m_i e_{i1} + n_i e_{i2} + o_i e_{i3}) + (1 - \beta_2)(m_j e_{j1} + n_j e_{j2} + o_j e_{j3}) - 2b \qquad (4.25)$$

（4）激励模型构建：基于经典的HM委托代理激励模型，即锦标激励模型的构建应解决以下激励约束问题。

对承包方$i$，等同解决以下问题：

$$\max(1 - \beta_1)(m_i e_{i1} + n_i e_{i2} + o_i e_{i3}) - b$$

$$\begin{cases} (IR)b + \beta_1(m_i e_{i1} + n_i e_{i2} + o_i e_{i3}) + 2k[\beta_1(m_i e_{i1} + n_i e_{i2} + o_i e_{i3}) - \beta_2(m_j e_{j1} + n_j e_{j2} + o_j e_{j3})] \\ \qquad - \frac{1}{2}(c_{i1}e_{i1}^2 + c_{i2}e_{i2}^2 + c_{i3}e_{i3}^2) - \frac{\rho\beta_1^2\sigma^2}{2} \geqslant w_0 \\ (IC)e_i \in \max b + \beta_1(m_i e_{i1} + n_i e_{i2} + o_i e_{i3}) + 2k[\beta_1(m_i e_{i1} + n_i e_{i2} + o_i e_{i3}) - \beta_2(m_j e_{j1} + n_j e_{j2} + o_j e_{j3})] \\ \qquad - \frac{1}{2}(c_{i1}e_{i1}^2 + c_{i2}e_{i2}^2 + c_{i3}e_{i3}^2) - \frac{\rho\beta_1^2\sigma^2}{2} \end{cases} \qquad (4.26)$$

对承包方$j$，等同解决以下问题：

$$\max(1 - \beta_2)(m_j e_{j1} + n_j e_{j2} + o_j e_{j3}) - b$$

$$\begin{cases} (IR)b + \beta_2(m_j e_{j1} + n_j e_{j2} + o_j e_{j3}) - k[\beta_1(m_i e_{i1} + n_i e_{i2} + o_i e_{i3}) - \beta_2(m_j e_{j1} + n_j e_{j2} + o_j e_{j3})] \\ \qquad - \frac{1}{2}(c_{j1}e_{j1}^2 + c_{j2}e_{j2}^2 + c_{j3}e_{j3}^2) - \frac{\rho\beta_2^2\sigma^2}{2} \geqslant w_0 \\ (IC)e_j \in \max b + \beta_2(m_j e_{j1} + n_j e_{j2} + o_j e_{j3}) - k[\beta_1(m_i e_{i1} + n_i e_{i2} + o_i e_{i3}) - \beta_2(m_j e_{j1} + n_j e_{j2} + o_j e_{j3})] \\ \qquad - \frac{1}{2}(c_{j1}e_{j1}^2 + c_{j2}e_{j2}^2 + c_{j3}e_{j3}^2) - \frac{\rho\beta_2^2\sigma^2}{2} \end{cases} \qquad (4.27)$$

根据激励模型的求解方法，求得排名第一和第二的承包方在追求工程质量、进度和安全目标上付出的最佳努力程度、锦标激励系数和激励递减系数分别为：

$$e_{i1}^* = \frac{m_i\beta_1(1 + 2k)}{c_{i1}} \qquad (4.28)$$

$$e_{i2}^* = \frac{n_i\beta_1(1 + 2k)}{c_{i2}} \qquad (4.29)$$

$$e_{i3}^* = \frac{o_i\beta_1(1 + 2k)}{c_{i3}} \qquad (4.30)$$

$$\beta_1 = \frac{(1+2k)(c_{i2}c_{i3} + c_{i1}c_{i3} + c_{i1}c_{i2})}{(1-4k^2)(c_{i2}c_{i3} + c_{i1}c_{i3} + c_{i1}c_{i2}) + c_{i1}c_{i2}c_{i3}\rho\sigma^2} \quad (4.31)$$

$$e_{j1}^* = \frac{m_j\beta_2(1+k)}{c_{j1}} \quad (4.32)$$

$$e_{j2}^* = \frac{n_j\beta_2(1+k)}{c_{j2}} \quad (4.33)$$

$$e_{j3}^* = \frac{o_j\beta_2(1+k)}{c_{j3}} \quad (4.34)$$

$$\beta_2 = \frac{(1+k)(c_{j2}c_{j3} + c_{j1}c_{j3} + c_{j1}c_{j2})}{(1-k^2)(c_{j2}c_{j3} + c_{j1}c_{j3} + c_{j1}c_{j2}) + c_{j1}c_{j2}c_{j3}\rho\sigma^2} \quad (4.35)$$

$$q = \frac{(1+k)(c_{j2}c_{j3} + c_{j1}c_{j3} + c_{j1}c_{j2})[(1-4k^2)(c_{i2}c_{i3} + c_{i1}c_{i3} + c_{i1}c_{i2}) + c_{i1}c_{i2}c_{i3}\rho\sigma^2]}{(1+2k)(c_{i2}c_{i3} + c_{i1}c_{i3} + c_{i1}c_{i2})[(1-k^2)(c_{j2}c_{j3} + c_{j1}c_{j3} + c_{j1}c_{j2}) + c_{j1}c_{j2}c_{j3}\rho\sigma^2]} \quad (4.36)$$

根据公式（4.31）和公式（4.35），获得针对排名第一和排名第二的承包方的锦标激励系数。值得注意的是，本书遵循经典的LR锦标激励模型，选取两个承包方作为竞争对象设计锦标激励模型，本书同样适用于$i$（$i>2$）个承包方参与的锦标竞赛。当承包方数量大于2时，激励系数可以根据锦标递减系数求解得出，针对排名第三的承包方，其激励系数为$\beta_3=q\beta_2=q^2\beta_1$。由此，可以推导出，针对排名$i$的承包方激励系数为$\beta_i=q^{i-1}\beta_1$。

当业主提供的激励金额一定时，排名第一的承包方获得的激励金额的比例为$\beta_1/(\beta_1+\beta_2+\cdots+\beta_i)$，排名第二的承包方获得的激励金额的比例为$\beta_2/(\beta_1+\beta_2+\cdots+\beta_i)$，同理，排名$i$的承包方获得的激励金额的比例为$\beta_i/(\beta_1+\beta_2+\cdots+\beta_i)$，最终，承包方得到的奖金等于激励金额比例与总激励奖金的乘积。

### 4.2.4 相关分析及讨论

根据锦标激励模型的求解结果，得出以下分析和结论。

推论1：引入锦标激励后，多承包方更倾向于在追求工程质量、工期和安全目标上付出最优努力水平，且对该任务目标的重视程度积极影响承包方在此任务上的努力水平，而努力成本系数对承包方在该项任务上的努力水平产生消极影响。

根据公式（4.28）、公式（4.29）、公式（4.30）、公式（4.32）、公式（4.33）、公式（4.34）可以看出，两个承包方在追求工程质量、工期和安全上的最优努力水平与锦标激励系数正相关，即排名第一和第二的承包方在追求三个目标上的最优努力水平均随着锦标激励系数的增加而增加。这说明，引入锦标激励后，多承包方更倾向于在追求工程质量、工期和安全上付出最优努力水平。此外，对两个承包方在三个目标上的努力函数分析发现，两个承包方在追求工程质量、工期和安全目标上的最优努力水平与其在该目标上的重视程度正相关，而与其努力成本系数负相关。两个承包方在追求三个目标上的最优努力水平均随在该目标上的重视程度的增加而增加，随着努力成本系数的增加而减小。因此，为了较大程度地激励承包方，业主可以在工程交易中，采取适当的手段来降低承包方在三个目标上的努力成本系数，例如使用数字建造平台（BIM技术）共享信息，降低承包方的生产努力成本系数。

推论2：承包方的公平偏好心理倾向可以诱使其在工程质量、工期和安全目标上付出更多的努力水平。

通过对两个承包方在三个目标上的努力函数分析发现，排名第一和第二的承包方在追求质量、工期和安全目标上的最优努力水平与公平偏好系数正相关，两个承包方在追求三个目标上的最优努力水平均随着公平偏好系数的增加而增加。承包方的公平偏好程度越大，则其在追求三个目标上的最优努力程度越大。特别地，当$k=0$，即当承包方不具有公平偏好心理倾向时，公式（4.28）可表示为$e_{i1}^{**}=m_i\beta_1/c_{i1}$，公式（4.29）表示为$e_{i2}^{**}=n_i\beta_1/c_{i2}$，公式（4.30）表示为$e_{i3}^{**}=o_i\beta_1/c_{i3}$，公式（4.32）表示为$e_{j1}^{**}=m_j\beta_2/c_{j1}$，公式（4.33）表示为$e_{j2}^{**}=n_j\beta_2/c_{j2}$，公式（4.34）表示为$e_{j3}^{**}=o_j\beta_2/c_{j3}$。由此可以看出，当$k=0$时，$e_i^{**}<e_i^*$且$e_j^{**}<e_j^*$，这意味着，与不考虑公平偏好心理倾向的锦标激励相比，考虑了承包方心理倾向的锦标激励可以增加承包方在三个目标上的最优努力水平。这一发现表明，公平偏好心理倾向的增加可以诱使多承包方在三个任务上付出更多的努力水平，且对任务的重视程度越大努力水平越高。因此，为了最大程度地实现锦标激励的激励效果，业主在工程招标时应关注承包方的心理倾向程度，可以通过心理测试的方式，如问卷调查、访谈等，选择公平偏好倾向大的承包方，激励承包方在锦标竞争中付出较大的努力，以此来实现锦标激励效果的最优。

推论3：锦标激励系数$\beta_1$和$\beta_2$一定程度上依赖承包方的公平偏好系数和承包方追求三个目标的努力成本系数。

根据激励系数$\beta_1$和$\beta_2$的计算公式（4.31）和公式（4.35），锦标激励系数$\beta_1$和$\beta_2$均与公平偏好系数$k$正相关，与承包方追求三个目标的努力成本系数负相关。由$\partial\beta_1/\partial k>0$，$\partial\beta_2/\partial k>0$可知，排名第一的承包方的激励系数$\beta_1$和排名第二的承包方的激励系数$\beta_2$均随着公平偏好系数$k$的增加而增加，即承包方的公平偏好倾向越高，激励系数$\beta_1$和$\beta_2$越大。由公式（4.31）和公式（4.35）可以看出，锦标激励系数$\beta_1$和$\beta_2$与承包方追求三个目标的努力成本系数负相关，锦标激励系数随着努力成本系数的增加而减小，且锦标激励系数$\beta_1$和$\beta_2$与外部环境的整体扰动$\sigma^2$成反比。业主针对具有较高公平偏好倾向和具有较小努力成本系数的承包方应该提供较大的激励系数。因此，业主在设置锦标激励系数时，应该对多承包方的公平偏好程度和努力成本系数做出准确判断，以达到最优激励的目标。由公式$e_{i1}=m_i\beta_1(1+2k)/c_{i1}$，$e_{i2}=n_i\beta_1(1+2k)/c_{i2}$，$e_{i3}=o_i\beta_1(1+2k)/c_{i3}$和$e_{j1}=m_j\beta_2(1+k)/c_{j1}$，$e_{j2}=n_j\beta_2(1+k)/c_{j2}$，$e_{j3}=o_j\beta_2(1+k)/c_{j3}$可知，业主对多承包方的激励系数越高，其在三项任务中付出的努力水平就越大，这表明提高锦标激励程度可以增加承包方在三个目标中的最佳努力水平。此外，鉴于承包方的产出绩效为$\pi=me_1+ne_2+oe_3+\varepsilon$，增加承包方的努力水平可以直接引起重大输水工程项目绩效的增加，增加锦标激励程度可以间接导致重大输水工程总收益的提高。因此，业主可以通过增加激励程度来鼓励具有较高公平偏好倾向的承包方投入更多的努力，以此来增加工程的建设绩效。

推论4：锦标激励递减系数$q$与公平偏好系数$k$呈正相关关系。

根据公式（4.36），可以计算出$\partial q/\partial k>0$，即激励递减系数$q$是公平偏好系数$k$的单调递增函数，激励递减系数$q$会随着公平偏好系数$k$的增加而增加。鉴于激励系数$\beta_1$是公平偏好系数$k$的增函数，激励递减系数$q$是公平偏好系数$k$的增函数，因此公平偏好系数$k$越大，锦标激励差额越大，激励效果越好。这说明承包方的公平偏好程度越高，业主给予的激励差额程度越大，这有助于确保多承包方在重大输水工程交易中付出最佳努力。因此，针对公平偏好程度较大的承包方，锦标激励差额越大，锦标激励的效果就越明显。

基于公平偏好的重大输水工程交易中的多目标锦标激励模型可以起到以下两个作用：首先，锦标激励模型中的激励差额可以起到对多承包方施工行为的激励，促使多承包方在工程质量、进度和安全多目标上付出最优的努力水平。与单一代理人的激励机制相比，锦标激励机制可以实现对多个承包方的激励，可以弥补线性激励机制对多个承包方激励动力不足的缺陷。其次，引入锦标激励后，多承包方更倾向于在工程质量、工期和安全目标上付出最优努力水平，且多承包方的公平偏好心理倾向对其在三个目标上的努力水平有积极影响。每个承包方在追求三个目标上的最优努力水平均会随着公平偏好倾向程度和锦标激励程度的增加而增加，这可以间接导致参与重大输水工程施工过程承包方产出绩效的提升。因此，业主应该为具有较高公平偏好的承包方提供更大的激励，这不仅可以优化每个承包方的努力水平，还可以降低业主的监管成本，从而降低交易成本，形成"双赢"的局面。综上所述，锦标激励不仅能实现对多承包方平行施工的激励，起到对多承包方行为的协同管理，还能引起多承包方的努力水平的增加，间接提高重大输水工程的建设绩效。

基于委托代理理论和锦标赛理论，构建了考虑多承包方公平偏好的重大输水工程交易的多目标锦标激励模型，该模型分析了重大输水工程交易过程中锦标激励差额对多承包方努力水平的影响，这个过程优化了业主的最优激励契约，理论上丰富和完善了锦标激励在重大输水工程交易中的应用。此外，基于HM激励模型和LR锦标激励模型，设计了不同排名的锦标激励系数，锦标激励系数与每个承包方的公平偏好程度和排名相关，是对现有锦标激励模型的进一步设计和完善。

## 4.3 重大输水工程交易中锦标激励结构的设计

前文分析了锦标激励差额对承包方行为的影响，并进一步确定了锦标激励的系数。那么在一个锦标激励中，对多少个排名靠前的获胜者进行激励，即对多少比例的承包方进行奖励才能达到最佳的激励效果。例如：在12人或12个组织参与的锦标竞赛中，3人得到奖励、4人得到奖励还是6人得到奖励能促使代理人付出更高的努力水平。本节将利用实验研究的方法对重大输水工程交易的锦标激励结构进行探讨。

### 1. 锦标激励模型及均衡

为了便于实验操作，对前述锦标激励模型进行简化。用$e_i$代指代理人$i$的总体非负努力水平，代理人$i$的净收益函数$U_i$为：

$$U_i = w(e_i) - C(e_i) \tag{4.37}$$

代理人$i$选择一个努力水平$e_i$，$e_i \in [0, 100]$，$i = 1, 2, \cdots, n$，$n$是代理人个数。代理人$i$的努力水平$e_i$是私有信息，除了自身外，任何人观察不到。$w(e_i)$是代理人$i$的收益函数，$C(e_i)$是努力成本函数。

代理人$i$的产出函数为：

$$\pi_i = f(e_i) + \varepsilon_i \tag{4.38}$$

$f(e_i)$是代理人$i$的生产函数，是凹函数。$\varepsilon_i$是针对每个代理人的外部干扰，$\varepsilon_i$服从区间$[-v, v]$。

$n$个代理人的努力水平为$e = (e_1, e_2, \cdots, e_n)$，代理人$i$获得最优奖励$W_H$的概率为$P_i(e_i)$，代理人$i$的期望净收益为：

$$
\begin{aligned}
EU_i &= P_i(e_i)W_H + [1 - P_i(e_i)]W_L - C(e_i) \\
&= W_L + P_i(e_i)(W_H - W_L) - \frac{1}{2}ce_i^2
\end{aligned} \tag{4.39}
$$

在唯一局部纯策略纳什均衡上，每一个代理人的一阶条件满足：

$$\frac{\partial EU_i}{\partial e_i} = \frac{\partial P_i(e_i)}{\partial e_i} \times (W_H - W_L) - ce_i \tag{4.40}$$

或

$$\frac{\partial P_i(e_i)}{\partial e_i} \times (W_H - W_L) = ce_i \tag{4.41}$$

该一阶条件等式的左边是承包方$i$增加努力水平的边际效益，等式右边是努力水平的边际成本。根据数学函数的解释，在二阶边际条件下存在一个最大值。对称均衡$e_i = e_j = e^*$，满足$\partial P(e_i)/\partial e_i = 1/(2v)$，则：

$$e^* = \frac{W_H - W_L}{2cv} \tag{4.42}$$

在我们的实验中，为了方便观察不同锦标激励结构下个体的努力水平，我们对某些参数进行赋值，设置$W_H = 100$，$W_L = 60$，$c = 0.7$，$v = 0.41$，根据公式（4.42）求出理论均衡努力水平为70。实验参数是根据锦标激励实验的实际情况而设计的，实验参数不是固定的。

### 2. 实验设计

Fehr和Fischbacher认为[244]，选取管理类的大学本科高年级学生或者低年级的研究生参与实验是最合适的，这些学生具有很好的专业知识储备，且具有较好的理解能力，能对实验内容快速理解和熟悉。此外，与社会参与者相比，学生参与实验不会被很强的思维定式束缚，更能达到实验的目的。因此，本实验研究从HH大学管理科学与工程专业招募高年级的本科生和低年级的硕士研究生作为实验研究的对象。

本实验采用真实努力实验方法，根据相关研究经验和结果[119, 163]，选取3个常用的锦标激励结构进行实验。共设计1/2、1/3、1/4三种结构的努力实验，以研究重大输水工程交易中锦标激励结构对代理人行为的影响。随机招募44名不同年级（由大学四年级和研究生一年级的学生组成）的被试者参加实验，这44名被试者的平均绩点均在4分以上，以保证被试者的专业知识水平达到要求。实验分为3组：实验1（2H2L，表示4人参加竞争，2人获胜，2人失败，锦标激励结构为1/2）有16名被试者；实验2（1H2L，表示3人参加竞赛，1人获胜，2人失败，锦标激励结构为1/3）有12名被试者；实验3（1H3L，表示4人参加竞争，1人获胜，3人失败，锦标激励结构为1/4）有16名被试者。实验参数如表4.2所示。

实验参数　　　　　　　　表4.2

| 实验组别 | 规模 | 结构 | 努力范围$e_i$ | 成本函数 | 随机数范围 | $W_H$ | $W_L$ | 理论均衡努力水平 | 被试人数（名） |
|---|---|---|---|---|---|---|---|---|---|
| 1 | 4 | 1/2 | $e_i \in [0,\ 100]$ | $ce_i^2/2$ | [-1,\ 1] | 100 | 60 | 70 | 16 |
| 2 | 3 | 1/3 | $e_i \in [0,\ 100]$ | $ce_i^2/2$ | [-1,\ 1] | 100 | 60 | 70 | 12 |
| 3 | 4 | 1/4 | $e_i \in [0,\ 100]$ | $ce_i^2/2$ | [-1,\ 1] | 100 | 60 | 70 | 16 |

在每个实验中，以随机的方式将被试者组合成4人或者3人一组，共有3组实验。每组成员在整个实验期间都为固定的一组，实验中，除了被试者信息保密外，表4.2中的参数为共同知识，每一组实验共有10轮。在每个实验被试者的桌上都会发放一个实验指导手册，该手册详细介绍实验规则和实验的基本信息（附录B）。实验开始前，实验助理会向参与实验的学生讲述实验具体的规则和实验流程，确保每个被试者都对实验内容和流程完全理解。实验内容是被试者使用施工进度计划计算工期，计算结果又快又好者获胜。在实验过程中，需要被试者独立完成实验内容，不能相互讨论，且每个被试者的努力水平仅自己知道。一组实验结束后，获胜的被试者可以获得100元物质奖励，其余获得60元奖励。

### 3. 实验结果及分析

共招募44名被试者参与实验，每组实验进行10轮，共得到440个实验数据，利用SPSS统计软件对实验数据进行基本处理和统计分析，实验数据如表4.3所示，被试者在三个实验中的平均努力水平变化趋势如图4.1所示。

| 实验数据 | | | | 表4.3 |
|---|---|---|---|---|
| 实验 | 理论努力水平 | 平均努力水平 | 标准差 | 方差 |
| 实验1：锦标激励结构为1/2 | 70 | 67.071 | 1.400 | 1.959 |
| 实验2：锦标激励结构为1/3 | 70 | 68.269 | 0.947 | 0.897 |
| 实验3：锦标激励结构为1/4 | 70 | 70.087 | 1.300 | 1.690 |

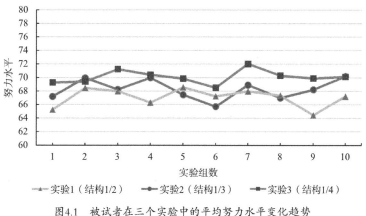

图4.1　被试者在三个实验中的平均努力水平变化趋势

实验1、实验2和实验3显示了不同锦标激励结构下被试者的努力水平。表4.3列出了在1/2、1/3和1/4锦标激励结构下被试者的理论努力水平、平均努力水平、标准差及方差。首先，检验被试者在实验中所做出的努力水平决策是否与均衡值有明显差异；然后，检验三个实验之间是否有显著差异。利用Mann-Whitney检验显著差异，结果显示，3个实验与平均值存在显著差异，且3个实验之间也存在显著差异。

根据表4.3可知，3种锦标激励结构的理论被试努力水平均为70，实验1的结果显示，在锦标激励结构为1/2时，被试者的平均努力水平为67.071，低于理论被试努力水平；实验2的结果显示，在锦标激励结构为1/3时，被试者的平均努力水平为68.269，低于理论被试努力水平；实验3的结果显示，在锦标激励结构为1/4时，被试者的平均努力水平为70.087，高于理论被试努力水平。图4.1显示了被试者在3种不同激励结构下的努力水平趋势，从被试者努力水平的整体趋势可以看出，与激励结构为1/2和1/3的激励机制相比，在锦标激励结构为1/4的激励中，被试者的努力水平最高，且高于理论被试努力水平。也就是说，在锦标激励结构为1/4的锦标激励中，代理人更能表现出较高的努力水平，1/4的锦标激励结构更能激发代理人的努力水平。根据弗洛姆的期望理论，代理人对获胜概率的认知和这种回报满意度的认知很大程度上决定其努力程度。说明较低的锦标获胜比例更能激发多代理人的努力行为，若获胜比例太高，锦标竞争的激励差距较难体现。

因此，在重大输水工程交易的锦标激励中，业主可以根据承包方的实际数目设计锦标激励结构，可以选择结构为1/4的锦标激励方案，以达到最优激励的效果，当承包方数目过多或者过少时，可以适当调整锦标激励的结构。

## 4.4 本章小结

本章设计了重大输水工程交易中的多目标锦标激励方案，首先，确定了重大输水工程交易中锦标激励的目标和实施原则；其次，设计了基于公平偏好的重大输水工程交易的"J"形锦标激励模型，讨论了锦标激励差额对多承包方在追求工程质量、工期和安全目标努力行为的影响，并对锦标激励系数进行求解。最后，利用实验研究的方法，设计了重大输水工程交易中的锦标激励结构。本章的主要结论如下：

（1）锦标激励模型分析结果显示：锦标激励差额能激励多承包方在工程质量、进度和安全目标上付出更多的努力；在引入锦标激励后，多个承包方将更倾向在三个目标中投入最优努力水平，且努力水平会随着锦标激励差额的增加而增加。

（2）锦标激励系数分析结果显示：多承包方在追求三个目标上的最优努力程度随着锦标激励系数、公平偏好程度和在该目标上重视程度的增加而增大。锦标激励系数随着公平偏好系数的增加而增加，随着承包方追求三个目标的努力成本系数的增加而降低。

（3）锦标激励结构分析结果显示：与1/2和1/3锦标激励结构的实验结果相比，在锦标激励结构为1/4的锦标激励实验中，被试者的努力水平最高，且高于理论被试努力水平，被试者能表现出更高的努力水平。相比1/2和1/3锦标激励结构，1/4的锦标激励结构更能激发代理人付出最优的努力水平。

重大输水工程交易中的锦标激励不仅能确保多承包方在三个目标中付出最优的努力水平，实现对多承包方行为的协同激励，优化重大输水工程交易中的激励制度，还能通过增加多承包方的努力水平，间接引起重大输水工程建设绩效的提高。

# 第 5 章

# 重大输水工程交易中锦标激励成效测度体系构建

根据锦标激励机制的内涵，激励成效测度是对激励效果的考察和评价，合理有效的激励成效测度体系可以准确评价重大输水工程交易中锦标激励的实施效果。基于SSP研究范式，以绩效为逻辑终点，本章基于重大输水工程交易中实施锦标激励的目标，构建了重大输水工程交易中锦标激励成效测度的指标体系，并建立了基于理想解和灰色关联度的重大输水工程交易中锦标激励成效的动态决策模型，确定了重大输水工程交易中的锦标激励成效测度体系，以期对锦标激励的实施效果做出科学评判。

## 5.1 重大输水工程交易中锦标激励成效测度的内涵与特征

重大输水工程在解决区域缺水和带动社会经济发展方面具有显著的作用。然而，由于工程技术的复杂性和管理范围的不断扩大，重大输水工程的建设和管理逐步趋于复杂化。根据重大输水工程交易的特点，制定合理的锦标激励制度是改善工程建设管理绩效和降低交易成本的有效方法，而成效测度作为评价和考量激励制度的关键环节，可以判断锦标激励的方案是否切实可行。本节对重大输水工程交易的锦标激励成效测度的内涵、多维度特征和实施原则做出分析。

### 5.1.1 锦标激励成效测度的基本内涵

重大输水工程交易中锦标激励的成效测度是指利用科学、合理的方法对锦标激励实施后工程的建设成效进行评价，是判定锦标激励制度在重大输水工程交易中实施效果的依据。

#### 1. 锦标激励成效测度的目标

重大输水工程交易的锦标激励成效测度是评价锦标激励政策在执行过程中的实际效果与预期效果之间的差距，以此来验证锦标激励制度的有效性。

#### 2. 锦标激励成效测度的主要作用

（1）检验整体激励制度的合理性。重大输水工程交易中锦标激励实施效果的评价，是对锦标激励方案设计合理性的检验，锦标激励的成效测度对重大输水工程交易中锦标激励方案的有效性具有检验作用。

（2）检验激励系数和激励结构。重大输水工程交易中锦标激励成效测度的结果，是对锦标激励模型中激励系数和激励结构的合理性和有效性的论证，对激励模型具有验证性作用，为后续锦标激励的实施提供保障。

（3）便于修正激励方案。通过对比分析锦标激励的实施成效与激励目标的偏差调整激励方案，若锦标激励的实施结果朝着激励目标发展，说明激励措施合理可行。若实施结果与激励目标存在一定的偏差，在下期锦标竞赛中适当调整锦标激励系数和激励强度，通过修正激励模型避免决策失误。

### 5.1.2 锦标激励成效测度的多维度特征

锦标激励的成效测度以激励目标为判断依据，鉴于重大输水工程交易的锦标激励主要是针对工程质量、进度和安全三个目标进行的，因此，锦标激励成效测度也主要围绕承包方的工程质量成效、进度成效和安全成效三个维度进行分析，锦标激励成效测度具有多属性特征。

在工程质量成效维度方面，重大输水工程的质量是该水利工程发挥功能的重要因素，工程质量是否合格，不仅关系项目后续的顺利运营，还会影响其公共效益的体现，因此对工程建设质量的考量是对锦标激励成效测度的重要内容。对重大输水工程的质量激励，主要是为了满足工程的合同和质量要求，抑制承包方在施工过程中的偷工减料和恶意降低施工质量标准等行为，控制和把握工程的整体交付结果。重大输水工程的建设通常涉及复杂的施工工艺，对工程质量有较高的要求。因此，衡量工程施工质量标准的完成情况、施工工艺的成熟度和质量检测情况等是工程质量测度的主要内容。重大输水工程质量维度的测度需要严格按照《水利水电工程施工质量检验与评定规程》的规定进行[245]。

在工程进度成效维度方面，对工程施工进度的激励是为了促进工程施工高效地完成，以确保重大输水工程效益的正常发挥。对于重大输水工程来说，工程进度管理贯穿于整个工程的施工进程中，在施工过程中起着重要作用。按期完成工程的建设是衡量激励成效的一个重要因素。由于重大输水工程通常处于地势复杂的环境中，工程在建设过程中面临较大的不确定性，在实施过程中经常会因为工程变更和施工工艺的复杂而出现工期紧张的情况。因此，当现有进度情况与计划进度存在差异时，通过一系列的优化措施控制工程进度，使之恢复到或优于原先的进度计划显得尤为重要。因此，施工进度完成情况、进度管理和控制、工程变更的管理和突发应对等是测度重大输水工程进度的主要内容。

在工程安全成效维度方面，重点是考核承包方在施工中对安全管理的决策与目标的落实。重大输水工程大多处于地势险峻的地区，地理位置复杂，施工中经常有爆破、隧洞施工等特殊作业，施工中面临较大的安全风险，在重大输水工程的交易中安全管理处于一个重要的位置。因此，在施工过程中不发生安全事故，是重大输水工程交易中安全激励成效测度的主要内容。在工程安全维度方面的激励成效考核不仅包括施工人员人身安全，还包括工程质量安全，主要考核承包方施工作业中安全管理体系的落实程度、安全行为的控制和防范、安全管理决策与目标的落实以及建筑物的质量安全控制等方面。

### 5.1.3 锦标激励成效测度的原则

为了构建科学合理的重大输水工程交易的锦标激励测度体系，应该明晰锦标激励成效测度的原则，锦标激励成效测度的原则是锦标激励效果测度时的相关依据和必要约束。重大输水工程交易的锦标激励成效测度应以业主相关部门为主导，在相关合同条款的指导下，全面地、综合地考量实施锦标激励后各个承包方的建设成效。重大输水工程交易的锦标激励成效测度需要考虑以下原则：

### 1. 公平性原则

公平性原则是指公平、公正和平等地对待一类人或者一类团体。任何竞争活动都需要强调公平、公正和平等的原则，因此，公平原则是锦标激励成效测度的前提和基础。在重大输水工程交易的锦标激励中，多个承包方共同参与，且每个承包方都具有公平偏好心理倾向，会关注分配结果的公平性，只有具备公平的锦标激励成效测度方案，才能减少承包方在竞争时的不满和合谋行为，增加制度的易接受性。

### 2. 高效性原则

高效性原则指的是在单位时间内某单位要素的投入与产出比，投入与产出比越高则使用效率就越高。由于重大输水工程交易中锦标激励有多个承包方参与，且需要按照一定的周期对所有承包方多任务产出的结果进行考核，测度工作量较大。在构建重大输水工程交易的锦标激励成效测度体系时，应该考虑测度方案的效率，选择的测度指标和方法不宜过于繁琐和复杂，造成测度工作的低效，增加不必要的成本。在重大输水工程交易的锦标激励成效测度方案实践中，在遵循公平性原则的同时，应兼顾高效性原则。

### 3. 系统性原则

重大输水工程的建设是由工程质量、进度和安全各个要素组成的复杂系统，质量、进度和安全三个激励任务有机结合在一起，不可分割，单独对其中一项任务的执行情况进行测度不能达到整体最优的效果。在对锦标激励的成效进行测度时，需要将三个任务看作一个系统，了解各个要素之间的相互关系，对承包方的建设状态进行全面评估。在构建重大输水工程交易的锦标激励成效测度体系时，要把质量、进度和安全的测度指标融入整个系统中，确保考核指标和内容合理有序，防止重复工作，保证整个测度体系的科学性。

## 5.2　重大输水工程交易中锦标激励成效测度指标体系的构建

锦标激励的成效测度不仅受评估方法的影响，还依赖科学有效的指标体系。指标作为"度量标尺"，是对客观存在事物多方面的真实反映，已经逐渐成为评估事物特征的重要手段。在进行重大输水工程交易中锦标激励的成效测度时，应构建一套具有针对性的指标体系，对重大输水工程交易中锦标激励的实施效果进行描述和统计分析，为获得准确的测度结果奠定基础。

### 5.2.1 锦标激励成效测度指标体系构建的原则

指标是用来分析某一待评价对象水平或效果的重要依据，指标体系由一系列具有某种特征的指标组成。全面、科学、合理的评价指标是准确衡量重大输水工程交易中锦标激励成效的关键。为保证测度结果忠于实际情况，实现测度结果的有效性，在进行指标筛选和构建时应遵循以下原则：

#### 1. 目标导向性原则

重大输水工程交易中锦标激励成效的测度结果，应该对业主和承包方具有一定的指导作用，选择的指标应该能够反映当期激励目标的实现程度。锦标激励的目的在于通过对多承包方在工程质量、进度和安全任务上努力行为的激励，实现重大输水工程建设绩效的最大化。在设计指标体系时，应该以激励目标为导向，充分反映锦标激励在多承包方施工过程和结果中的导向效果。

#### 2. 简明科学性原则

重大输水工程交易中锦标激励成效测度评价指标体系的构建，在兼顾目标导向性原则的前提下，还必须以简明科学性为基础，选取的指标应该具有简明代表性，能够真实反映待评价系统的特征，能全面代表待评价承包方在质量、进度和安全任务上的状况和特点，避免指标重复和繁琐带来的统计工作冗长。

#### 3. 现象级评价原则

锦标激励的效果是在一定时间和空间由一定现象和结果反映出来的，在构建指标体系时，应选取现象级指标进行测度，这样的测度结果更具有针对性。本书针对多承包方在工程质量、进度和安全上的施工行为进行激励，指标体系的选择应重点围绕多承包方在工程质量、进度和安全上的控制活动，充分反映多承包方在这些任务上的执行情况。

#### 4. 可量化和可表征原则

重大输水工程交易中锦标激励的成效选取定性和定量的指标来衡量。对于定量的指标，应该能够利用准确且权威的数据对指标进行评判，保证评估结果的正确性；对于定性指标来说，其优劣程度应该具有可表征性，应该能用优、良、中、差或100分、80分、60分、40分四个等级来衡量，便于区分。

#### 5. 可操作性原则

重大输水工程交易中锦标激励成效测度指标体系的选择必须以可操作性原则为基础，能方便地采集和获得指标数据。由于锦标激励涉及多个激励客体，在成效测度时需要对每个承包方的激励成效进行测度，因此测度指标的内容不应太烦琐，且指标数据的获得应简单易操作，否则会给测度工作增加不必要的工作量。

### 6. 过程与结果相结合原则

根据激励的原理可知，激励通过改变心理动机而引发行为。锦标激励的成效通过行为表现为结果，是动机诱发行为后表现出来的结果。因此，在对锦标激励成效测度时，应该将反映承包方施工行为和施工结果的因素作为锦标激励成效测度的指标，将过程指标与结果指标相结合。

## 5.2.2 锦标激励成效测度指标体系构建的思路

本书在构建重大输水工程交易中锦标激励成效测度的指标体系时，以压力—状态—响应（Pressure-State-Response，PSR）模型为指导，结合重大输水工程的特点和锦标激励的目标，参考相关政策和实地调研，识别出重大输水工程交易中锦标激励成效测度的初始指标，再通过专家访谈的形式，对初始指标进行优化，最终得到基于PSR模型的重大输水工程交易中锦标激励成效测度的指标体系，指标构建的框架如图5.1所示。

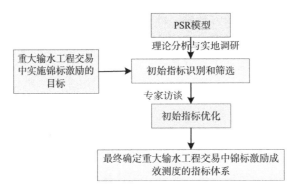

图5.1 重大输水工程交易中锦标激励成效测度指标体系构建的框架

### 1. 压力—状态—响应（PSR）模型

本书以压力—状态—响应（Pressure—State—Response，PSR）模型为基础，构建重大输水工程交易的锦标激励成效测度指标体系。PSR模型由联合国经济合作和开发组织与联合国环境规划署共同提出，用来解决与评价相关的问题[246]。PSR模型一经提出就被广泛应用，应用领域包括生态评价、资源管理和绩效评价等。该模型包括三个系统：压力子系统、状态子系统和响应子系统，回答了为了什么、发生了什么、做了什么三个方面的问题。其中，压力子系统用来描述人类活动中经济系统的一些压力因素；状态子系统用来描述人类在系统中的应对状态；响应子系统用来反映促进良性发展所采取的措施和对策。

PSR模型可以反映系统各准则层之间的因果关系，准确地表述系统产生压力的原因，受到压力后所展现的状态以及为缓解压力所采取的措施，从而将系统的评价指标有机地结合起来，形成一套科学的评价指标体系[247]。该模型不仅提供了一种构建指标体系的方法，更提供了一种评价的思路，它强调了在指标构建过程中，应当将产生的压力、状态和应对措施综合起来考虑，综合考虑基于过程和结果的指标，不能仅仅依赖某一项结果或过程的指标，这样的评价具有全面性。

运用PSR模型构建重大输水工程交易中锦标激励成效测度的指标体系，能够将锦标激励成效测度的过程指标和结果指标有机地结合起来，不仅可以反映工程质量、进度和安全激励任务对承包方行为造成压力的来源，锦标激励政策对承包方施工行为的影响状态以及承包方面对激励刺激的响应措施，还可以体现最终行为的结果。因此，PSR模型可以为重大输水工程交易中锦标激励成效测度指标体系的构建提供思路。

### 2. 评价指标筛选方法选择

重大输水工程交易中锦标激励成效测度的指标体系构建主要涉及两个基本问题：第一，选择哪些指标衡量锦标激励的激励成效；第二，如何将反映激励成效的指标与反映重大输水工程整体建设的指标保持一致。重大输水工程交易中锦标激励成效测度评价指标的构建，应以合适的指标筛选方法为指导。目前，存在三种常用的评价指标筛选方法，包括理论分析法、频度统计法和专家咨询法，如图5.2所示。

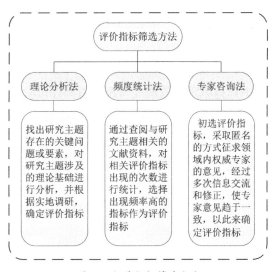

图5.2 评价指标筛选方法

目前，关于锦标激励成效测度研究的文献较少，可供参考和统计的指标有限，无法利用频度统计法筛选指标。因此，本书主要利用理论分析法和专家咨询法，确定重大输水工程交易中锦标激励成效测度的指标体系。首先，对重大输水工程交易中存在的问题进行分析，并进行实地调研，利用水利水电工程及建设工程施工管理相关规范和政策确定初始评价指标；其次，根据专家咨询的方法反复对锦标激励成效测度初始指标进行筛选，最后，确定重大输水工程交易中锦标激励成效测度的指标体系。

### 5.2.3 锦标激励成效测度指标体系的确定

遵从目标导向性、简明科学性、现象级评价、可量化和可表征、可操作性、过程与结果相结合原则，依据重大输水工程交易中锦标激励成效测度指标体系构建的思路，结合重大输水工程交易中锦标激励的目标，从压力、状态、响应三个方面，建立重大输水工程交易中锦标激励成效测度的指标体系，为锦标激励成效测度夯实了基础。本书将重大输水工程交易中锦标激励成效测度的指标体系分为三个层次，分别为：目标层、准则层和指标层。

其中，目标层是重大输水工程交易中锦标激励成效测度指标体系，准则层包括压力子系统、状态子系统和响应子系统。我们选取该子项目受关注程度、工程外部条件的稳定性、进度计划控制程度、分部工程质量达标率、单位工程质量达标率、外观质量达标率、安全事故控制率和成本控制率8个指标表征重大输水工程交易中锦标激励成效测度的压力子系统；选择施工人员技术熟练程度、施工工艺的成熟度和完成度、施工过程中的质量监督和控制、施工材料的性能和合格率、施工变更及突发情况应对、进度计划编制的合理性、施工材料进场验收合格率、工程量计算准确情况及建筑物的观感质量和质量安全9个指标表征重大输水工程交易中锦标激励成效测度的状态子系统；选择质量管理制度健全程度、现场材料的成品保护程度、变更管理制度的完善程度、变更申报材料的及时性和真实性、应急指挥能力、不安全行为的控制和防范、安全管理体系的落实程度和安全文明生产能力8个指标表征重大输水工程交易中锦标激励成效测度的响应子系统。最终确定基于PSR模型的重大输水工程交易中锦标激励成效测度的指标体系，包括1个目标层、3个准则层和25个评价指标，重大输水工程交易中锦标激励成效测度指标、指标评价阶段及目标值如表5.1所示。

## 5.3 重大输水工程交易中锦标激励成效测度模型的构建

关于成效测度的方法有很多种，根据是否使用数学模型分为定性评价方法和定量评价方法。定性评价方法是决策者根据自身经验对评价主体做出判断，直接给出评价结果。定性评价方法操作简单，过程清晰，能充分体现决策者的主观意识，但是结果易受人的意识和人为因素的影响，评价结果不够客观。定量评价方法是采用数学模型的方法，利用评价指标和指标数据，对评价主体进行综合分析，最终得出评价结果。与定性评价方法相比，定量评价方法更为客观合理。因此，本书选用定量评价方法对重大输水工程交易中锦标激励的成效进行测度，根据定量评价方法的思路，重大输水工程交易中锦标激励成效测度模型构建包括两个步骤：

表5.1

## 重大输水工程交易中锦标激励成效测度的指标体系

| 目标层 | 准则层 | 指标层 | 评价阶段 | 目标值 |
|---|---|---|---|---|
| 重大输水工程交易中锦标激励成效测度指标体系 | 压力子系统 | 该子项目受关注程度$C_{11}$ | ◆ | |
| | | 工程外部条件的稳定性$C_{12}$ | ◆ | |
| | | 进度计划控制程度$C_{13}$ | ◆★ | 100% |
| | | 分部工程质量达标率$C_{14}$ | ▲ | 90%[248] |
| | | 单位工程质量达标率$C_{15}$ | ▲ | 70%[248] |
| | | 外观质量达标率$C_{16}$ | ▲ | 100% |
| | | 安全事故控制率$C_{17}$ | ▲ | 100% |
| | | 成本控制率$C_{18}$ | ▲ | 100% |
| | 状态子系统 | 施工人员技术熟练程度$C_{21}$ | ★ | 组织专家对实际情况进行评审和鉴定，75分为合格 |
| | | 施工工艺的成熟度和完成度$C_{22}$ | ★▲ | 组织专家对实际情况进行评审和鉴定，75分为合格 |
| | | 施工过程中的质量监督和控制$C_{23}$ | ★ | 满足《水利水电工程施工质量检验与评定规程》的规定 |
| | | 施工材料的性能和合格率$C_{24}$ | ★ | 满足《水利水电工程施工质量检验与评定规程》的规定 |
| | | 施工变更及突发情况应对$C_{25}$ | ★▲ | 组织专家对实际情况进行评审和鉴定，75分为合格 |
| | | 进度计划编制的合理性$C_{26}$ | ★ | 100% |
| | | 施工材料进场验收合格率$C_{27}$ | ★ | 组织专家对实际情况进行评审和鉴定，75分为合格 |
| | | 工程量计算准确情况$C_{28}$ | ★ | 组织专家对实际情况进行评审和鉴定，75分为合格 |
| | | 建筑物的观感质量和质量安全$C_{29}$ | ★▲ | 满足《水利水电工程施工质量检验与评定规程》的规定 |
| | 响应子系统 | 质量管理制度健全程度$C_{31}$ | ▲ | 满足《水利水电工程施工质量检验与评定规程》的规定 |
| | | 现场材料的成品保护程度$C_{32}$ | ★▲ | 组织专家对实际情况进行评审和鉴定，75分为合格 |
| | | 变更管理制度的完善程度$C_{33}$ | ▲ | 组织专家对实际情况进行评审和鉴定，90分为合格 |
| | | 变更申报材料的及时性和真实性$C_{34}$ | ★▲ | 组织专家对实际情况进行评审和鉴定，100分为合格 |
| | | 应急指标能力$C_{35}$ | ★▲ | 组织专家对实际情况进行评审和鉴定，100分为合格 |
| | | 不安全行为的控制和防范$C_{36}$ | ★▲ | 组织专家对实际情况进行评审和鉴定，赋值0~100分 |
| | | 安全管理体系的落实程度$C_{37}$ | ★▲ | 组织专家对实际情况进行评审和鉴定，100分为合格 |
| | | 安全文明生产能力$C_{38}$ | ★▲ | 组织专家对实际情况进行评审和鉴定，赋值0~100分 |

注：◆代表施工前期的评价指标；★代表施工阶段评价指标；▲代表验收阶段评价指标。

（1）计算指标的权重。指标权重代表该指标在整个指标体系中的重要程度，指标权重的大小会对最终的评估结果产生直接影响。确定指标权重的方法包括主观权重法、客观权重法和综合权重法。综合权重法确定的指标权重结合了主观权重和客观权重，可以避免主观赋权的人为干扰，又能充分结合专家的经验和工程特征，兼顾主观赋权和客观赋权的双重优点。因此，本书选取综合权重法确定指标权重。

（2）构建测度模型。重大输水工程交易中锦标激励成效的测度是一个追求多目标的复杂过程，需要考虑承包方在工程质量、进度和安全任务上多个因素的建设成效，简单的单一指标配置模型难以找到将所有目标都考虑进去的最佳方案。此外，重大输水工程交易中锦标激励成效的测度是一个多阶段、动态的过程。因此，在构建测度模型时，本书选取了基于理想解和灰色关联度的动态多目标决策评价方法，对包含了多个评判指标的多个承包方在多个时间节点的激励成效状态和总体水平进行对比分析。

为了对重大输水工程交易中锦标激励的成效进行合理测度，本书提出基于综合权重以及理想解和灰色关联度的重大输水工程交易的锦标激励成效测度动态模型。首先，利用综合权重法确定评价指标的权重；其次，利用理想解和灰色关联度的方法确定成效测度方法。重大输水工程交易中锦标激励成效测度模型构建的流程如图5.3所示。

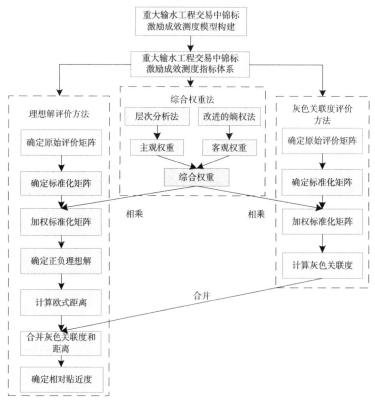

图5.3　重大输水工程交易中锦标激励成效测度模型构建的流程图

### 5.3.1　指标权重的计算方法

本书主要利用综合权重法确定指标的权重，首先，利用层次分析法（Analytic Hierarchy Process，AHP）确定指标的主观权重$w_{i1}$；其次，利用改进的熵权法确定指标的客观权重$w_{i2}$；最后，利用乘法合成归一法确定指标的综合权重$w_i$。

（1）AHP。AHP作为主观确定权重的方法具有很强的适用性，能将评价问题分解为不同的组成要素，并根据要素间的相互隶属关系将其组合，形成一个多层次的分析结构，通过判断低层次要素相对于高层次要素的重要程度确定指标权重[248]。鉴于AHP操作的有效性和简便性，该方法被广泛应用于建设工程绩效评价、重要性分级和环境评估等领域。具体的AHP计算权重的步骤如下[249]。

步骤1：建立层次结构模型。

在计算指标的AHP权重时，首先要辨别被研究对象的各个评价指标之间的关系；其次，将被研究对象划分为三个层次：第一层是目标层，即要解决问题的目标，目标层是重大输水工程交易中锦标激励的成效测度指标体系；第二层是准则层，即将目标细化为相关的子系统，准则层是压力、状态和响应子系统；第三层是指标层，即具体的成效测度指标，重大输水工程交易中锦标激励成效测度的具体指标共包括25个。层次分析结构模型如图5.4所示。

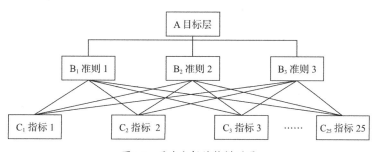

图5.4　层次分析结构模型图

步骤2：构造判断矩阵。

在层次结构被划分了以后，需要从准则层开始，分别针对指标层的因素，通过两两对比的方法确定每个因素的相对重要程度，以此构造判断矩阵，即重要程度矩阵，形成判断矩阵，如公式（5.1）所示。

$$A = \begin{bmatrix} a_{11} & a_{12} & \cdots & a_{1m} \\ a_{21} & a_{22} & \cdots & a_{2m} \\ \vdots & \vdots & \ddots & \vdots \\ a_{n1} & a_{n2} & \cdots & a_{nm} \end{bmatrix} \qquad (5.1)$$

公式（5.1）中，$a_{ij}>0$（$i,j=1, 2, \cdots, n$），$a_{ij}=1/a_{ji}$（$i\neq j$），$a_{ij}=a_{ji}=1$（$i=j$），$a_{ij}$表示指标$i$对比指标$j$的相对重要程度，用数值1~9来表示指标间的相对重要程度，层次分析法标度

如表5.2所示。

层次分析法标度表

表5.2

| 重要程度 | 含义（比较指标$i$和$j$） |
|---|---|
| 1 | 指标$i$和$j$一样重要 |
| 3 | 指标$i$比$j$稍微重要 |
| 5 | 指标$i$比$j$较重要 |
| 7 | 指标$i$比$j$非常重要 |
| 9 | 指标$i$比$j$极为重要 |
| 2，4，6，8 | 相邻判断的中间值 |
| 倒数 | 比较指标$j$与$i$时 |

步骤3：一致性检验。

首先，需要确定判断矩阵$A$的最大特征根$\lambda_{\max}$及对应的特征向量，然后归一化处理特征向量，得到权重向量$w_{il}$。权重向量$w_{il}$中的权重表示下一层次指标相对于上一层次指标的相对重要性。在判断矩阵$A$中，不会出现完全一致的情况。因此，需要在单层次排序的基础上进行一致性检验，公式如下：

$$CI = \frac{\lambda_{\max} - n}{n - 1} \tag{5.2}$$

在一致性检验结果中，$CI$的值越小，表示权重结果越可靠，特别地，当$CI=0$时，权重结果最理想。引入平均随机一致性指标$RI$来计算$CI$值的大小，计算公式如下：

$$RI = \frac{CI_1 + CI_2 + \cdots + CI_n}{n} \tag{5.3}$$

由公式（5.3）可知，判断矩阵阶数$n$会影响$RI$值的大小，一般情况下，$RI$会随着判断矩阵阶数的减小而减小，一致性指标$RI$与阶数$n$的对应关系如表5.3所示。

$RI$与$n$的对应关系

表5.3

| $n$ | 1 | 2 | 3 | 4 | 5 | 6 | 7 | 8 | 9 |
|---|---|---|---|---|---|---|---|---|---|
| $RI$ | 0 | 0 | 0.58 | 0.90 | 1.12 | 1.24 | 1.32 | 1.41 | 1.45 |

在利用一致性指标对判断矩阵进行检验时，随机扰动容易对一致性检验结果产生影响，我们采用检验系数$CR$对一致性指标$CI$和随机一致性指标$RI$进行比较，来消除随机扰动的影响。

$$CR = \frac{CI}{RI} \tag{5.4}$$

通常情况下，当$CR < 0.1$时，该判断矩阵被认为能达到较好的一致性。当$CR > 0.1$时，需要对结果进行调整，减小误差造成的影响。计算得到的指标权重向量为$W^c = (w_1^c,$ $w_2^c, \cdots, w_n^c)$。

步骤4：层次总排序及其一致性检验。

层次总排序的目的是得到指标层对于目标层的权重大小，其计算过程与层次单排序类似，在此不再进行详细说明。

（2）利用改进的熵权法确定指标客观权重。熵权法作为一种客观确定权重的方法，具有很强的客观性和可操作性，在建设工程绩效评价中得到了广泛的应用[250]。根据信息论，熵可以衡量指标数据中包含的信息，熵权利用指标包含的数据信息来判断指标的权重，以此来区分不同指标的重要性。熵理论认为，指标包含的信息越大，其信息熵越大，该指标在系统中具有的重要性越大[251]。

根据熵理论，熵权的计算步骤如下所示：

步骤1：确定指标原始数据矩阵。

在有$n$个待评价对象的系统中，收集$n$个待评价对象针对$m$个评价指标的原始数据，最终形成评价指标原始数据矩阵$X = (x_{ij})_{m \times n}$。

$$X = \begin{bmatrix} x_{11} & x_{12} & \cdots & x_{1n} \\ x_{21} & x_{22} & \cdots & x_{2n} \\ \cdots & \cdots & \cdots & \cdots \\ x_{m1} & x_{m2} & \cdots & x_{mn} \end{bmatrix} \tag{5.5}$$

在公式（5.5）中，$i$表示评价指标，$i = 1, 2, \cdots, m$，$m$代表评价指标的数量；$j$代表待评价的承包方，$j = 1, 2, \cdots, n$，$n$代表待评价承包方的数量；$x_{ij}$是第$j$个待评价承包方在第$i$个评价指标上的原始值。

步骤2：指标标准化处理。

在计算指标权重时，需要对指标进行无量纲化处理，指标标准化公式为：

$$y_{ij} = \frac{x_{ij}}{\sum\limits_{j=1}^{n} x_{ij}} \tag{5.6}$$

公式（5.6）中，$y_{ij}$是原始指标值$x_{ij}$的标准化值。

步骤3：改进的熵值法。

采用传统熵值法计算权重存在一个问题：即可能出现对数为负的情况，因此为了避免这一情况的发生，对传统熵值法改进。根据相关研究[252]，可采用指标平移法改进熵值。计算公式为：

$$y_{ij}' = c + d \times y_{ij} \tag{5.7}$$

$$c = \sum_{i=1}^{m} x_{ij} \bigg/ \sqrt{\sum_{j=1}^{n}(x_{ij}-\overline{x}_i)^2} \qquad (5.8)$$

$$d = 1 \bigg/ \sqrt{\sum_{j=1}^{n}(x_{ij}-\overline{x}_i)^2} \qquad (5.9)$$

公式（5.8）中，$\overline{x}_i$ 是评价指标 $i$ 原始值的平均值。

步骤4：指标归一化。

为了计算各指标的熵值，还需对各指标进行归一化处理，形成新的标准化矩阵 $q=(q_{ij})_{m\times n}$，指标归一化计算公式如下：

$$q_{ij} = \frac{y_{ij}^{'}}{\sum_{j=1}^{n} y_{ij}^{'}} \qquad (5.10)$$

步骤5：计算指标的熵值。

$$u_i = -\frac{1}{\ln n} \sum_{j=1}^{n} q_{ij} \ln q_{ij} \qquad (5.11)$$

公式（5.11）中，$u_i$ 表示评价指标 $i$ 的熵值。

步骤6：确定指标的熵权。

$$w_{i2} = \frac{1-u_i}{m-\sum_{i=1}^{m} u_i} (0 < w_{i2} < 1, \sum_{i=1}^{m} w_{i2}=1) \qquad (5.12)$$

公式（5.12）中，$w_{i2}$ 是熵权法确定的指标客观权重。

（3）指标的综合权重。AHP确定的主观权重和改进熵值法确定的客观权重各有优缺点，综合权重法可以整合AHP法和熵权法的优点，避免单一确定权重的缺陷，将AHP法的简洁实用性与熵权法的客观性相结合，以保证权重结果的科学性[253]。本书利用乘法合成归一的方法确定指标的综合权重。

综合权重的计算公式如下所示[254]：

$$w_i = \frac{w_{i1} \times w_{i2}}{\sum_{i=1}^{n}(w_{i1} \times w_{i2})} \qquad (5.13)$$

公式（5.13）中，$w_i$ 为指标 $i$ 的综合权重。

## 5.3.2 锦标激励成效测度方法的选择

理想解法又称为逼近理想解的评价方法，是通过衡量待评判对象到理想解的距离而判断目标的决策方法。理想解通过构造多属性问题的正理想解和负理想解，并以待评价对象到正理想解和负理想解的距离作为准则，选出理想评判对象。理想解的判断原则是：最靠近正理想解的决策目标或方案最理想，越靠近负理想解的决策目标或方案越不合理。理想解法能充分利用原始数据的信息，对决策对象的优劣做出判断。然而，理想解将距离作为准则对评判对象进行决策，仅能反映出数据曲线之间的关系，没有完全呈现数据的态势变化[255]。

在重大输水工程交易的锦标激励成效测度指标中存在很多定性指标，由于指标数据靠人为判读，波动性较大且具有主观因素，没有规律的分布特征，是一种典型的灰色系统。灰色关联度法利用数据曲线间的相似程度反映评判目标与正、负理想解间的相互关系，能够准确挖掘指标数据信息，计算简单，能对待评价对象做出科学决策。特别是在曲线形状相似性的度量上，灰色关联度法能很好地分析态势变化。方案离理想方案的灰色关联越大，越理想[256]。然而，灰色关联度法仅能反映出数据曲线的态势变化，无法体现曲线间的位置关系。鉴于此，本书将两种方法结合，基于理想解和灰色关联度的动态评价方法对锦标激励的成效进行测度。基于理想解和灰色关联度的动态评价方法具有以下优势[257]：

（1）该方法同时拥有理想解法和灰色关联度模型的评价优点，能利用指标的动态数据对待评价对象做出科学判断，不仅可以反映理想解采用距离来体现被评价对象的距离变化，还能利用灰色关联度以曲线形状相似性来反映被评价对象的态势变化，体现被评价对象的态势变化和位置关系。

（2）该方法可以利用多个指标，比较多个待评价对象在多个时间点的发展状态和该时间段内的总体发展水平，对待评价对象的发展变化趋势提供度量，适合动态历程的分析。既能对现状做出评判，又能对未来发展趋势做出预判。

具体的计算步骤如下：

步骤1：确定原始评价矩阵。

$$X_{ij}(t_k) = \begin{bmatrix} x_{11}(t_k) & x_{12}(t_k) & \cdots & x_{1m}(t_k) \\ x_{21}(t_k) & x_{22}(t_k) & \cdots & x_{2m}(t_k) \\ \vdots & \vdots & \ddots & \vdots \\ x_{n1}(t_k) & x_{n2}(t_k) & \cdots & x_{nm}(t_k) \end{bmatrix} \quad (5.14)$$

$X_{ij}(t_k)$ 是原始评价矩阵，$x_{ij}(t_k)$ 是第 $j$ 个承包方的第 $i$ 个指标在 $t_k$ 时刻的指标值，$k=1$，$2$，$\cdots$，$p$。

步骤2：指标数据标准化处理。

根据公式（5.6）对初始指标值进行标准化处理得到标准化矩阵 $Y_{ij}(t_k)$。

$$Y_{ij}(t_k) = \begin{bmatrix} y_{11}(t_k) & y_{12}(t_k) & \cdots & y_{1m}(t_k) \\ y_{21}(t_k) & y_{22}(t_k) & \cdots & y_{2m}(t_k) \\ \vdots & \vdots & \ddots & \vdots \\ y_{n1}(t_k) & y_{n2}(t_k) & \cdots & y_{nm}(t_k) \end{bmatrix} \quad (5.15)$$

步骤3：计算加权标准化矩阵。

$$F(t_k) = \begin{bmatrix} y_{11}(t_k) & y_{12}(t_k) & \cdots & y_{1m}(t_k) \\ y_{21}(t_k) & y_{22}(t_k) & \cdots & y_{2m}(t_k) \\ \vdots & \vdots & \ddots & \vdots \\ y_{n1}(t_k) & y_{n2}(t_k) & \cdots & y_{nm}(t_k) \end{bmatrix} \times \begin{bmatrix} w_1(t_k) & 0 & \cdots & 0 \\ 0 & w_2(t_k) & \cdots & 0 \\ \vdots & \vdots & \ddots & \vdots \\ 0 & 0 & \cdots & w_m(t_k) \end{bmatrix}$$

$$= \begin{bmatrix} w_1(t_k)y_{11}(t_k) & w_2(t_k)y_{12}(t_k) & \cdots & w_m(t_k)y_{1m}(t_k) \\ w_1(t_k)y_{21}(t_k) & w_2(t_k)y_{22}(t_k) & \cdots & w_m(t_k)y_{2m}(t_k) \\ \vdots & \vdots & \ddots & \vdots \\ w_1(t_k)y_{n1}(t_k) & w_2(t_k)y_{n2}(t_k) & \cdots & w_m(t_k)y_{nm}(t_k) \end{bmatrix} \quad (5.16)$$

$$= \begin{bmatrix} f_{11}(t_k) & f_{12}(t_k) & \cdots & f_{1m}(t_k) \\ f_{21}(t_k) & f_{22}(t_k) & \cdots & f_{2m}(t_k) \\ \vdots & \vdots & \ddots & \vdots \\ f_{n1}(t_k) & f_{n2}(t_k) & \cdots & f_{nm}(t_k) \end{bmatrix}$$

步骤4：确定正负理想解。

$$F_i^+ = \max_{1 \leqslant j \leqslant n} \max_{1 \leqslant k \leqslant p} \left\{ f_{ij}(t_k) \right\} = (f_1^+, f_2^+, \cdots, f_m^+) \quad (5.17)$$

$$F_i^- = \min_{1 \leqslant j \leqslant n} \min_{1 \leqslant k \leqslant p} \left\{ f_{ij}(t_k) \right\} = (f_1^-, f_2^-, \cdots, f_m^-) \quad (5.18)$$

$F_i^+$ 为正理想解，$F_i^-$ 为负理想解。

步骤5：欧式距离。

$$d_j^+(t_k) = \sqrt{\sum_{i=1}^m (f_{ij}(t_k) - F_i^+)^2} \quad (5.19)$$

$$d_j^-(t_k) = \sqrt{\sum_{i=1}^m (f_{ij}(t_k) - F_i^-)^2} \quad (5.20)$$

$d_j^+(t_k)$ 是第 $j$ 个承包方建设成效到正理想解的距离；$d_j^-(t_k)$ 是第 $j$ 个承包方建设成效到负理想解的距离。

步骤6：计算灰色关联度。

$$r_{ij}^+(t_k) = \frac{\min\limits_i \min\limits_j \min\limits_k \Delta_{ij}^+(t_k) + \zeta \max\limits_i \max\limits_j \max\limits_k \Delta_{ij}^+(t_k)}{\Delta_{ij}^+(t_k) + \zeta \max\limits_i \max\limits_j \max\limits_k \Delta_{ij}^+(t_k)} \quad (5.21)$$

$$\Delta_{ij}^+(t_k) = \left| F_i^+ - f_{ij}^+(t_k) \right| \quad (5.22)$$

$$\Delta r_j^+(t_k) = \frac{1}{m} \sum_{i=1}^m r_{ij}^+(t_k) \quad (5.23)$$

$r_{ij}^+(t_k)$ 为第 $j$ 个承包方与正理想解关于第 $i$ 个指标的灰色关联系数，$\Delta r_j^+(t_k)$ 为第 $j$ 个承包方与正理想解关于第 $i$ 个指标的灰色关联度，$\zeta$ 为关联系数，$\zeta \in (0, 1)$，通常取 $\zeta = 0.5$。

$$r_{ij}^-(t_k) = \frac{\min\limits_i \min\limits_j \min\limits_k \Delta_{ij}^-(t_k) + \zeta \max\limits_i \max\limits_j \max\limits_k \Delta_{ij}^-(t_k)}{\Delta_{ij}^-(t_k) + \zeta \max\limits_i \max\limits_j \max\limits_k \Delta_{ij}^-(t_k)} \quad (5.24)$$

$$\Delta_{ij}^{-}(t_k) = \left| F_i^{-} - f_{ij}^{-}(t_k) \right| \tag{5.25}$$

$$\Delta r_j^{-}(t_k) = \frac{1}{m} \sum_{i=1}^{m} r_{ij}^{-}(t_k) \tag{5.26}$$

$r_{ij}^{-}(t_k)$ 为第 $j$ 个承包方与负理想解关于第 $i$ 个指标的灰色关联系数，$\Delta r_j^{-}(t_k)$ 为第 $j$ 个承包方与负理想解关于第 $i$ 个指标的灰色关联度。

步骤7：合并灰色关联度与距离。

由理想解和灰色关联度的原理可知，$d_j^{+}(t_k)$ 和 $r^{-}(t_k)$ 的值越大，被评价对象的值离正理想解越远；相反，$d_j^{-}(t_k)$ 和 $r_j^{+}(t_k)$ 的值越大，被评价对象的值离正理想解越近。

$$s_j^{+}(t_k) = a d_j^{-}(t_k) + (1-a) r_j^{+}(t_k) \tag{5.27}$$

$$s_j^{-}(t_k) = a d_j^{+}(t_k) + (1-a) r_j^{-}(t_k) \tag{5.28}$$

$s_j^{+}(t_k)$ 表征了待评价对象与正理想解的靠近程度，$s_j^{+}(t_k)$ 越大表明待评价对象的结果越好；$s_j^{-}(t_k)$ 表征了待评价对象与负理想解的靠近程度，$s_j^{-}(t_k)$ 越大表明待评价对象的结果越差；$a$ 代表偏好程度，$a \in (0, 1)$。

步骤8：确定相对贴近度。

$$h_j^{+}(t_k) = \frac{s_j^{+}(t_k)}{s_j^{+}(t_k) + s_j^{-}(t_k)} \tag{5.29}$$

$h_j^{+}(t_k)$ 是相对贴近度，$h_j^{+}(t_k)$ 的值越大代表评价结果越优。

步骤9：确定评价等级。

相对贴近度划分为5个等级标准（表5.4），用来表征锦标激励成效的水平。相对贴近度越接近1，说明被评价承包方的建设成效距离正理想解越接近，其建设成效越好。

贴近度评判标准      表5.4

| 贴近度 | [0, 0.25] | (0.25, 0.6] | (0.6, 0.75] | (0.75, 0.9] | (0.9, 1.0] |
|---|---|---|---|---|---|
| 成效等级 | 差 | 较差 | 合格 | 良好 | 优秀 |

## 5.4 本章小结

本章构建了重大输水工程交易中锦标激励的成效测度体系。首先，阐述了锦标激励成效测度的基本内涵，并分析了锦标激励成效测度的多维度特征和原则；其次，根据重大输水工程交易中实施锦标激励的目标，构建了基于PSR模型的重大输水工程交易中锦标激励成效测度的指标体系；最后，利用综合权重与理想解和灰色关联度模型，建立了重大输水工程交易中锦标激励成效的动态决策模型。本章的主要研究结论如下：

（1）确定重大输水工程交易中锦标激励成效测度的内涵与特征。首先，确定了重大输水工程交易中锦标激励成效测度的内涵，即利用科学、合理的方法对锦标激励实施的成效进行评价，是判定锦标激励制度在重大输水工程交易过程中实施效果的依据。其次，从工程质量成效维度、工程进度成效维度和工程安全成效维度三个方面，分析了重大输水工程交易中锦标激励成效测度的多维度特征。最后，确定了重大输水工程交易中锦标激励成效测度的原则，即公平性原则、高效性原则和系统性原则。

（2）构建了重大输水工程交易中锦标激励成效测度指标体系。首先，明晰了重大输水工程交易中锦标激励成效测度指标构建的原则，即：目标导向性原则、简明科学性原则、现象级评价原则、可量化和可表征原则、可操作性原则和过程与结果相结合原则；其次，基于以上6个指标构建原则，以PSR模型为指导，根据重大输水工程交易中锦标激励成效测度指标体系构建的思路，确定了重大输水工程交易中锦标激励成效测度的指标体系，包括1个目标层、3个准则层和25个评价指标。

（3）提出了重大输水工程交易中锦标激励成效测度模型。首先，综合考虑权重确定工作中主客观方法的优势，采用综合权重法确定指标权重；其次，结合理想解和灰色关联度的动态评价方法，确定了重大输水工程交易中锦标激励成效测度模型。该方法能充分对比多个评价对象在多个时间节点的发展水平，既能反映每个承包方建设成效的位置关系，也能反映态势变化。

# 第6章

# 案例分析——以GD省ZSJ水资源配置工程为例

ZSJ水资源配置工程是我国大力推进的172项节水供水重大水利工程中的重大输水工程。ZSJ水资源配置工程的实施旨在缓解GD省东部地区水资源供需矛盾，改变SZ市、DZ市和DG市单一供水的格局，提高受水区水资源安全和应急保障能力，改善东江生态环境，对维护区域经济发展和供水安全具有重要意义。本章将基于前文的研究基础，以ZSJ水资源配置工程为例，针对该工程的特点，设计锦标激励实施方案，并对实施锦标激励后的成效进行分析。

## 6.1 ZSJ水资源配置工程概况及特点

### 6.1.1 ZSJ水资源配置工程概况

ZJSJZ地区水资源十分丰富，但是东部和西部地区水资源占有量存在差异，西江水资源量远高于东江，但水资源利用率却低于东江，造成东西江水资源利用的不均衡。为改善东西部地区水资源的利用效率，保护东江生态环境，急需对ZJSJZ地区水资源进行空间优化配置。

ZSJ水资源配置工程为缓解GD省东部地区水资源短缺的现状，将ZJSJZ西部的西江水资源输送到东江，旨在解决GZ市、SZ市和DG市城市生活生产缺水问题。ZSJ水资源配置工程呈线状分布，是到目前为止GD省输水线路最长的水资源配置工程，输水线路总长113.2千米，工程计划总投资约360亿元，总工期60个月。受水区规划的多年平均城市总供水量预测结果如表6.1所示。该工程对促进GD省社会经济发展和保障城市供水安全具有重要作用，也将对构建东部地区城市水资源战略提供重要支撑。

受水区规划的多年平均城市总供水量预测结果 表6.1

| 城市 | 2040年总需水量（×$10^9$立方米） |
|---|---|
| GZ市 | 5.31 |
| SZ市 | 8.47 |
| DG市 | 3.30 |
| 合计 | 17.08 |

ZSJ水资源配置工程以打造新时代生态智慧水利工程为建设总目标。安全总目标为：不发生较大及以上安全生产责任事故。质量总目标包括：单位工程质量合格率达100%，优良率90%以上，确保中国水利工程优质奖，争创国家优质工程。投资总目标为：合法合规、不超总概算。进度总目标为：2019年5月开工建设，2024年4月具备通水条件。通过安

全、质量、投资和进度四大控制措施保证落实建设目标。ZSJ水资源配置工程的建设目标如图6.1所示。

图6.1 ZSJ水资源配置工程的建设目标

## 6.1.2 ZSJ水资源配置工程的特点

ZSJ水资源配置工程具有以下几个方面的特点：

（1）具有很强的公益性。ZJSJZ地区水资源十分丰富，但存在东西部地区水资源分布不均的情况，ZSJ水资源配置工程将西江丰富的水资源输送到水资源匮乏的东部地区，旨在缓解GZ市NS区、SZ市和DG市水资源短缺的问题，改变受水区单一供水的格局。ZSJ水资源配置工程为GD省东部地区提供供水安全体系，保障受水区用水安全的同时，改善输水线路沿线城市的生态环境，确保区域经济发展，具有很强的公益性。

（2）保障区域供水安全。ZSJ水资源配置工程实施后，东江、西江和北江三江水资源融会贯通，受水区GZ市NS区将形成以GXS水库为中心的水资源保障体系；受水区DG市和SZ市将形成以互联网水库群为连接的水资源保障体系。ZSJ水资源配置工程的实施使ZSJ东部地区的SZ市、DG市和DZ市形成更加健全和完善的供水保障系统，增加了受水区的水资源储备，对保障区域供水安全和社会经济的发展具有重要作用。

（3）改善东江生态环境。ZSJ水资源配置工程实施后，西江丰富的水资源被输送到受水区SZ市，输送水资源量高达8.47亿立方米，有利于缓解东江流域各城市对东江水资源的依赖，很大程度上减轻了东江水资源的供应压力，帮助SZ市退还2亿立方米的生态用水。ZSJ水资源配置工程对恢复河道需要的生态基流，修复东江河流生态，缓解东江生态危机，美化城市环境具有重要作用。很大程度上提高了受水区的水资源承载能力，保障ZSJ东部地区经济发展，确保区域可持续发展的同时，在一定程度上缓解了东江流域的生态危机。

（4）具有很强的战略性。ZJSJZ位于GD省中南部，是改革开放以来经济发展最快、人口聚集最多的经济区域之一。目前，SZ市、DG市两市人口已近2000万人，经济总量超过20000亿元。东江作为两市的唯一水源，继续挖掘的难度较大，供水安全保障难以适应城市快速发展的需求。DGNS新区是国务院批复的国家级新区，经济发展和用水量需求增长较快，现状水源为西北江下游沙湾水道，受枯水期水量不足和咸潮上溯双重影响，取水保证率低。ZSJ水资源配置工程将西江丰富的水资源引到水资源短缺的东部，统筹东江、西江和北江的水资源，能有效缓解ZSJ东部地区水源性和水质性缺水问题，在水资源调控上具有很强的战略性。

### 6.1.3 ZSJ水资源配置工程的作用

ZSJ水资源配置工程将ZSJ地区西江丰富的水资源输送到水资源匮乏的东江，改变受水区单一供水的格局，ZSJ水资源配置工程的作用主要体现在以下几个方面：

（1）实现ZJSJZ地区水资源优化配置，提高受水区水资源承载力。ZSJ地区水资源分布严重不均，西江和东江水资源总量差异明显，西江水资源总量远多于东江，东江人均水资源占有量仅为西江的8.5%，单位GDP水资源占有量不足西江的2%，西部地区水资源的利用率远远低于东部地区。而ZSJ地区人口重心和经济发展均集中在东部，东部地区水资源供需矛盾日益凸显。为确保ZSJ地区水资源均衡发展，保障人民生活和工业用水的需求，客观上需要合理规划ZSJ地区的水资源，将西部丰富的水资源输送到缺水的东部地区。通过建设ZSJ水资源配置工程为受水区DG市NS区、SZ市和DG市配置西江水量17.87亿立方米，可极大缓解ZJSJZ东部地区发展现状和未来一段时期内水资源短缺的现状，解决居民生活缺水的问题，提高水资源对区域经济发展的保障能力，确保ZJSJZ地区创新、协调、绿色可持续发展。

（2）具有保障区域经济发展的作用。ZSJ水资源配置工程实施后，受水区将建立完备的水资源保障系统，能有效缓解GD省东部地区水质性和水源性缺水问题，为大湾区城市群的经济发展提供优质水源，保障区域的可持续发展。ZSJ水资源配置工程是构建"幸福GD"、实现城市可持续发展的水资源配置重大骨干工程，ZSJ水资源配置工程将本地水库的水资源与西江、东江互通，丰枯互补，缓解了受水区民用和工业用水短缺的现状，提高GD省东部地区水资源的承载能力，保障了GD省东部地区的经济和社会发展。

（3）具有优化水资源配置，保障供水安全的作用。ZSJ水资源配置工程将东江和西江水资源有机整合，是提升区域竞争力的战略性水源工程，在解决区域和地方居民及工业用水上具有重要作用。ZSJ水资源配置工程不仅能够优化水资源配置，提高受水区供水安全和应急保障能力，在确保水资源安全、防洪减灾上也具有重要意义。

（4）具有改善水环境和生态保护的作用。ZSJ水资源配置工程实施后，能在一定程度上加强东江水资源水汽交换效率，利于水循环，输水工程沿线的气候和水环境得到改善。ZSJ水资源配置工程将东江、西江和北江三江水资源融会贯通，形成城市生态循环水网，在改善DG市、SZ市和GZ市水环境和生态保护上具有重要作用。

## 6.2 ZSJ水资源配置工程交易中锦标激励的应用分析

### 6.2.1 ZSJ水资源配置工程的基本情况

2019年5月，ZSJ水资源配置工程全面开工建设，各个工程标段陆续开工。ZSJ水资源配置工程呈线状分布，输水总干线长113.2千米。GD省拟成立ZSJ供水有限公司（国有企业）作为项目法人，负责组织项目建设和管理，并按照合同管理制、项目法人责任制、招标投标制要求，对工程质量、进度和安全控制等全面负责。ZSJ水资源配置工程通过全国公开招标的方式，对工程设计、监理及施工进行招标，全国范围内共计有15家土建施工单位、6家监理单位、9家材料供应单位、4家机电设备供货安装单位和4家安全监测施工单位中标。在工程施工合同签订后，如何确保多家施工单位将优秀的参建人员、创新的施工技术和完备的资源运用到工程建设中，充分调动多家土建单位的施工积极性，严格履行合同，有效确保ZSJ水资源配置工程的质量、进度和安全目标的实现，是业主（项目法人）在宏观组织指挥上面临的挑战和考验。

在ZSJ水资源配置工程的交易中，业主（项目法人）拟采用锦标激励的方式提高参建单位（承包方）的群体积极性，并预防承包方机会主义行为及"合谋"现象的发生。业主在施工合同设计时，根据相关工程的建设经验拟将工程建设总投资的1‰作为激励费用列入合同条款（可根据具体费用变化进行调整），采取锦标竞争的形式对15家土建施工单位进行激励，根据承包方之间最终的相对绩效排名给予不同等级的奖励，以充分调动多承包方施工的积极性。

为实现ZSJ水资源配置工程的预期目标，在锦标竞赛中将ZSJ水资源配置工程建设的总体目标作为激励的总体目标，工程合同确定的分项目标是各承包方在锦标竞赛中应达到或超过的目标，工程建设的总体目标和工程合同的分项目标的整合形成了锦标激励的整体目标。根据ZSJ水资源配置工程制定的质量、进度、安全和投资四大控制目标，业主选择质量、进度和安全作为三个具体的激励目标，对15家土建施工单位进行激励。由于承包方具有控制投资的驱动力，在此不考虑对承包方投资目标的激励。

### 6.2.2 ZSJ水资源配置工程交易中锦标激励方案的设计

ZSJ水资源配置工程的实体工程被分解为15个相似的分部工程，施工任务和工程量类似，建设任务分别委托给15个承包方团队，15个承包方团队同时施工，业主与承包方在委托代理合同中包含了工程质量、进度和安全标准。业主对锦标激励的奖励计划方案确定如下：

（1）激励目标和激励金额。工程施工合同确定的分项目标为锦标激励的目标，包括工程质量、进度和安全控制三大目标。根据工程激励相关实践经验和研究结果，业主拟将该实体工程建设计划投资的1‰作为激励费用，并在施工合同中进行相关激励条款说明。

（2）考核周期和考核标准。该实体工程按照季度对15个承包方团队进行锦标激励和激励成效考核，建设工期为30个月（10个季度），根据主体工程建设总投资及激励比例，每个季度拟拿出约100万元作为激励费用（后期可根据具体费用变化进行调整），最终根据承包方团队在锦标竞赛中的排名提供不同的奖励。严格按照《水利工程建设质量与安全生产监督检查办法（试行）》《水利工程合同监督检查办法（试行）》（水监督〔2019〕139号）《水利水电工程施工质量检验与评定规程》和施工合同的相关规定对每个目标的完成情况进行考核。并由业主相关部门组织监理、设计、质量监督和纪检监察单位监督人员等组成相关考核专家团队，在每个季度施工任务完成后，对承包方团队的质量、进度和安全任务执行情况进行综合评定，对参与评比的施工单位进行排名，根据排名授予流动红旗和相应金额奖金。

（3）激励系数和激励结构。根据第4章设计的激励系数函数式，需要确定函数式中的各个参数。在项目谈判阶段，业主通过问卷调查的方式获得承包方的公平偏好程度，通过访谈的形式获得承包方的风险规避水平，通过判断工程外部自然环境和技术的复杂程度确定外部扰动因子（外部扰动因子通常取0.8~1）。并根据每个承包方以往的施工情况，确定每个承包方追求质量、进度和安全目标的重视程度和努力成本系数。锦标激励选择1/4的锦标激励结构，即对排名在前25%的承包方团队进行不同等级的奖励。

（4）奖项设置。在15个主体土建施工承包方团队之间开展阶梯式锦标激励，根据锦标激励的奖励形式，将物质激励与精神激励有机地结合起来。根据物质激励和精神激励的内容设置不同等级的奖励，物质奖励包括4个不同等级的奖金设置，每个等级奖金的额度根据合同中规定的计算公式求得。精神奖励的奖项包括：施工标兵段、标段进位奖、信得过标段和优秀施工单位奖等。

（5）惩罚制度。严格按照《水利工程建设质量与安全生产监督检查办法（试行）》和《水利工程合同监督检查办法（试行）》（水监督〔2019〕139号）对承包方的质量和安全生产进行监督检查、问题认定和惩罚追责。明确安全责任追溯制度，在考核周期结束后，对未发生安全责任事故的承包方根据排名发放奖金（不在奖励排名内的承包方不奖励）；若在施工中发生1起责任死亡事故，则取消相应承包方的竞赛资格并单次罚款20万元。此外，一旦发现承包方有偷工减料或恶意降低施工质量标准等行为，对该承包方团队进行单次罚款20万元的惩罚，并进行通报批评。

（6）锦标激励的实施流程。第一，制定锦标激励相关政策和合同条款。在工程实施前，业主应对锦标激励的实施规则、实施办法和考核标准等事项进行全面部署，在施工合同中明确开展锦标激励的相关合同条款，保证锦标激励的合法性[258]。第二，公开锦标激励的实施方案和规则。为确保所有承包方团队广泛参与到锦标竞争中，在工程实施前，向所有承包方团队公开竞赛的目标、流程、规则、标准和评比办法，动员承包方团队积极参与到锦标竞争中，保证锦标激励实施的公平性、公开性和广泛性。此外，业主相关部门在每阶段的竞赛前一天，就当期竞赛的内容和时间等进行宣布，保证每阶段的锦标竞赛有序开展。第三，现场考核。业主相关部门组织考核专家小组对当期施工评比的现场进行考核（考核现场要求是当前作业的现场），专家小组在一天内，按照合同规定的考核要求和标准对所有施工现场的情况做出评定，考核过程中允许承包方团队的代表对现场情况做出介绍，使考核专家对评比对象有一定的感性认识，便于对比分析。第四，评分汇总。业主相关部门就承包方团队的施工质量、进度和安全等指标数据进行统计。具体由安全文明生产施工管理员对安全目标的执行情况统计并通报；具有相应资质的质量管理委员会对施工现场质量情况统计并通报，进度委员会对进度执行情况统计并通报。在承包方的质量、进度和安全均满足竞赛标准后，专家小组根据通报情况和现场考察，采取无记名形式进行综合打分。第五，综合评比。在专家小组打分结束后，在相关检票员的监督下，业主相关部门利用合理的评估办法对这一阶段指标数据进行综合量化，计算每个承包方单位最终的得分，并交由监督员签字确认，确保结果的公正性。根据最后的综合得分，对承包方的施工情况进行综合排名，得出最终的排序结果，由监督员公布排序结果。第六，兑现奖励。通常在锦标竞赛评比结果公布的第二天召开表彰大会，对先进的承包方团队给予相应的奖励，根据本书设计的锦标薪酬分配方案对相应的承包方当场兑现物质奖金，并运用颁发流动红旗、公开表彰和登报表扬等精神激励手段鼓励先进，鞭策后进。对在考核中存在问题的承包方团队进行通报批评，并进行相关处罚。锦标激励的实施流程如图6.2所示。

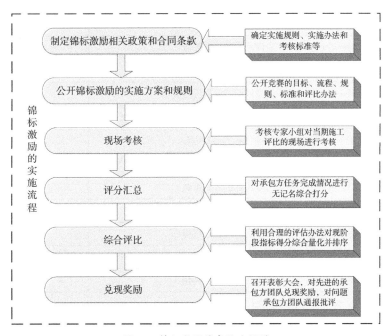

图6.2　锦标激励的实施流程图

## 6.2.3　ZSJ水资源配置工程交易中锦标激励的应用分析

根据ZSJ水资源配置工程的建设情况，对该工程2021年锦标激励的方案进行设计。业主需要根据多承包方施工情况的综合排名，确定2021年四个季度的锦标激励方案。根据第4章锦标激励系数的计算结果可知，锦标激励系数由承包方的公平偏好程度、风险规避程度、承包方追求工程质量、进度和安全的努力成本系数和外部环境扰动等决定。因此，业主需要根据这些变量的取值，确定不同等级的激励系数。在施工评比前，业主通过问卷调查的方式获得承包方团队的公平偏好程度（附录C），通过访谈的形式获得承包方的风险偏好水平，通过判断技术的复杂程度和外部自然环境确定外部扰动因子。此外，业主根据每个承包方以往的施工情况，确定每个承包方追求质量、进度和安全目标的重视程度和努力成本系数。在第一季度施工评比结束后，业主根据排名第一的承包方追求质量目标、安全目标和进度目标的努力成本系数和重视程度，确定给予排名第一的承包方的锦标激励系数$\beta_1$。并根据排名第二的承包方追求质量目标、安全目标和进度目标的努力成本系数和重视程度，确定排名第二的承包方的锦标激励系数$\beta_2$。根据$\beta_1$和$\beta_2$确定激励递减系数$q$、$\beta_3$和$\beta_4$。通过问卷调查、访谈等方式获得的锦标激励相关参数及数值如表6.2所示。

锦标激励相关参数及数值 表6.2

| 参数 | 值 |
| --- | --- |
| $k$公平偏好系数 | 1% |
| $\rho$风险偏好系数 | 0.9 |
| 排名第一的承包方追求质量目标的成本系数$c_{11}$ | 0.65 |
| 排名第一的承包方追求进度目标的成本系数$c_{12}$ | 0.37 |
| 排名第一的承包方追求安全目标的成本系数$c_{13}$ | 0.58 |
| 排名第一的承包方追求质量目标的重视程度$m_1$ | 0.5 |
| 排名第一的承包方追求进度目标的重视程度$n_1$ | 0.225 |
| 排名第一的承包方追求安全目标的重视程度$o_1$ | 0.275 |
| 排名第二的承包方追求质量目标的成本系数$c_{21}$ | 0.54 |
| 排名第二的承包方追求进度目标的成本系数$c_{22}$ | 0.35 |
| 排名第二的承包方追求安全目标的成本系数$c_{23}$ | 0.9 |
| 排名第二的承包方追求质量目标的重视程度$m_2$ | 0.45 |
| 排名第二的承包方追求进度目标的重视程度$n_2$ | 0.3 |
| 排名第二的承包方追求安全目标的重视程度$o_2$ | 0.25 |
| 外部扰动因子$\sigma^2$ | 0.95 |

根据相关参数值和第4章锦标激励系数的计算公式（4.31）、公式（4.35）和锦标激励递减系数的计算公式（4.36），求得前四名承包方的锦标激励系数如表6.3所示。

根据表6.3中的锦标激励系数和第4章确定的激励奖金分配比例的公式，可以得到这四个承包方团队应得激励奖金的比例，求出排名第一的承包方所得奖金的比例为：

| 激励系数 | 值 |
|---|---|
| 排名第一的承包方的激励系数$\beta_1$ | 0.892 |
| 排名第二的承包方的激励系数$\beta_2$ | 0.789 |
| 排名第三的承包方的激励系数$\beta_3$ | 0.698 |
| 排名第四的承包方的激励系数$\beta_4$ | 0.617 |
| $q$激励递减系数 | 0.88 |

$\beta_1/(\beta_1+\beta_2+\beta_3+\beta_4)=0.892/(0.892+0.789+0.698+0.617)\times100\%=29.77\%$

排名第二的承包方所得奖金的比例为：

$\beta_2/(\beta_1+\beta_2+\beta_3+\beta_4)=0.789/(0.892+0.789+0.698+0.617)\times100\%=26.34\%$

排名第三的承包方所得奖金的比例为：

$\beta_3/(\beta_1+\beta_2+\beta_3+\beta_4)=0.698/(0.892+0.789+0.698+0.617)\times100\%=23.30\%$

排名第四的承包方所得奖金的比例为：

$\beta_4/(\beta_1+\beta_2+\beta_3+\beta_4)=0.617/(0.892+0.789+0.698+0.617)\times100\%=20.59\%$

排名前四名的承包方所得的奖金分配比例如图6.3所示。

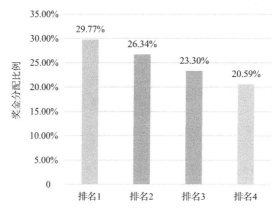

图6.3　排名前四名的承包方所得的奖金分配比例

该实体工程按照季度对15个承包方团队进行锦标激励，共分10个季度进行激励，第一季度拟拿出100万元作为激励费用。在承包方的建设指标均符合示范标准的前提下，业主提供给排名第一的承包方的奖金为$100\times29.77\%=29.77$万元；提供给排名第二的承包方的奖金为26.34万元，提供给排名第三的承包方和排名第四的承包方的奖金分别为23.30万元和20.59万元。在2021年第一季度锦标竞争结束后，业主相关部门召开表彰大会，对这四个先进的承包方团队现场颁发物质奖励，并对优秀的承包方团队颁发流动红旗。在此后每个季度的锦标竞争结束后，业主根据相同的方法实施锦标激励方案。

## 6.3 锦标激励实施效果的仿真分析

由于该项目尚未完全完工，现使用仿真分析的方法，分析锦标激励程度对承包方在施工行为上的影响，利用MATLAB软件可视化实施锦标激励后排名第一和第二的承包方的努力程度的变化（$m_1=0.5$, $n_1=0.225$, $o_1=0.275$, $m_2=0.45$, $n_2=0.3$, $o_2=0.25$）。在实际的施工中，即使不实施锦标激励，承包方的努力程度也不为零。因此，为了满足实际情况，在仿真时根据承包方在每个任务上重视程度的不同，在激励系数与努力程度的函数中加上了初始努力程度。实施锦标激励后排名第一的承包方的公平偏好程度，排名第一的承包方的激励系数与其追求三个目标努力程度之间的关系如图6.4、图6.5和图6.6所示。

图6.4、图6.5和图6.6显示了锦标激励程度和公平偏好程度与排名第一的承包方在追求工程质量、进度和安全目标努力程度之间的关系。由这三个图的变化趋势可以看出，当公平偏好系数$k$不变时，排名第一的承包方在追求工程质量目标、进度目标和安全目标上的努力程度$e_{11}$、$e_{12}$、$e_{13}$与其锦标激励程度$\beta_1$呈正相关的关系。这意味着，当业主实施的锦标激励增加时，排名第一的承包方在三个目标上的努力程度都有所增加。当激励程度不变时，排名第一的承包方在三个目标上的努力程度随公平偏好系数$k$的增加而增加，这意味着承包方对公平环境的感知会促进其努力行为。

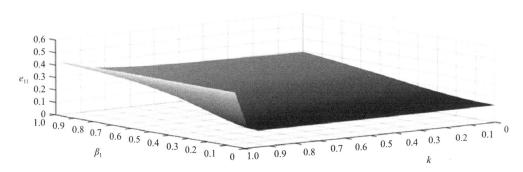

图6.4　激励系数$\beta_1$与公平偏好系数$k$及追求质量目标努力程度$e_{11}$的关系

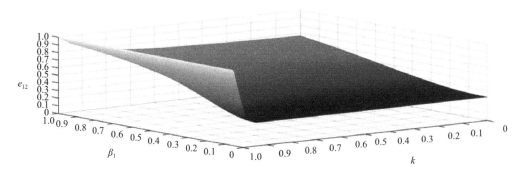

图6.5　激励系数$\beta_1$与公平偏好系数$k$及追求进度目标努力程度$e_{12}$的关系

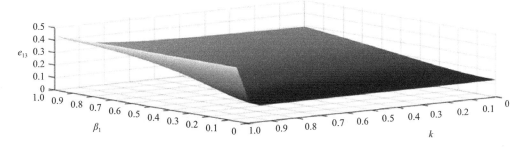

图6.6 激励系数$\beta_1$与公平偏好系数$k$及追求安全目标努力程度$e_{13}$的关系

同理，利用MATLAB软件可视化实施锦标激励后排名第二的承包方的努力程度的变化如图6.7、图6.8和图6.9所示。对比图6.4、图6.5、图6.6和图6.7、图6.8、图6.9可以看出，排名第二的承包方的激励程度、公平偏好程度与追求三个目标努力程度之间的变化趋势同排名第一的承包方的激励程度、公平偏好程度与追求三个目标努力程度之间的变化趋势是一致的。当公平偏好系数$k$不变时，排名第二的承包方在追求工程质量目标、进度目标和安全目标上的努力程度随着锦标激励程度的增加而增加；当锦标激励程度不变时，排名第二的承包方在三个目标上的努力程度随公平偏好系数$k$的增加而增加。

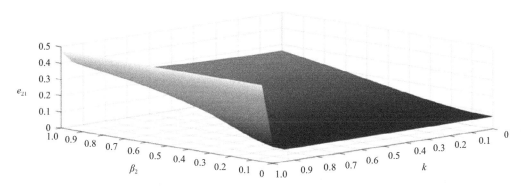

图6.7 激励系数$\beta_2$与公平偏好系数$k$及追求质量目标努力程度$e_{21}$的关系

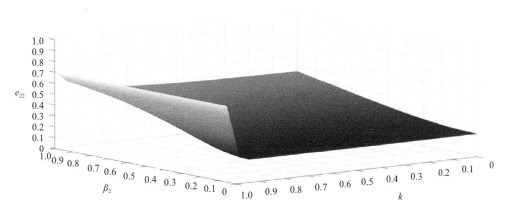

图6.8 激励系数$\beta_2$与公平偏好系数$k$及追求进度目标努力程度$e_{22}$的关系

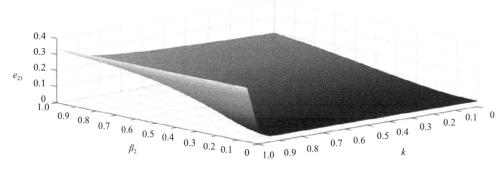

图6.9　激励系数$\beta_2$与公平偏好系数$k$及追求安全目标努力程度$e_{23}$的关系

仿真分析结果显示：多承包方在施工行为上的努力水平会随着锦标激励程度的增加而增加，且承包方的公平偏好心理倾向会进一步增加多承包方的努力水平，这意味着锦标激励对多承包方的努力行为有积极的作用，且营造一个良好、公平的竞争环境有利于锦标激励效果的发挥。根据激励理论，激励通过动机产生行为，由行为导致结果，当不考虑其他因素的影响时，在实施锦标激励后，多承包方的努力水平有所增加，承包方的努力行动会促成建设绩效的提高。此外，根据激励模型的分析，承包方的产出绩效即项目的建设绩效可以表示为：$\pi = m e_1 + n e_2 + o e_3 + \varepsilon$，多承包方努力水平的增加可以直接引起ZSJ水资源配置工程项目绩效的增加。因此，实施锦标激励可以导致ZSJ水资源配置工程总建设绩效的提高。

## 6.4　本章小结

本章以ZSJ水资源配置工程为例进行了锦标激励方案研究。首先，简要介绍ZSJ水资源配置工程的概况、特点和作用等背景；其次，介绍了该工程的基本建设情况，并根据第四章的研究结果设计了该工程的锦标激励方案；最后，使用仿真分析方法，分析了锦标激励对多承包方在施工行为上的影响。结果表明，在2021年第一季度，业主给予排名前四的承包方的激励金额比例分别为：29.77%、26.34%、23.30%和20.59%。仿真结果显示，实施锦标激励后，承包方在追求质量、进度和安全上的努力程度均有所增加，锦标激励对多承包方的行为具有积极作用。

|第 7 章|

# 结论与展望

# 7.1 研究结论与建议

## 7.1.1 研究结论

重大输水工程是缓解我国区域水资源短缺局面的战略性工程。重大输水工程通常呈线状分布，为缩短建设工期，充分发挥投资效益，业主通常将工程在空间上分成若干段，把其建设任务委托给多个承包方执行，与多个承包方以合同为纽带同时进行交易，形成多个委托代理关系。与传统委托代理理论的研究对象相比，重大输水工程有多任务产出的特点，且外部环境多变，面临着更大的任务、环境和组织的不确定性。高度不确定性所引发的业主与多承包方之间的委托代理问题在重大输水工程交易中显得尤为突出，严重阻碍了重大输水工程建设绩效的提升。因此，本书针对重大输水工程建设绩效不高的问题，探讨了针对多承包方平行施工的锦标激励机制，以期改善工程建设绩效，为重大输水工程建设管理的决策提供科学的理论依据。本书的主要研究内容和结论归纳如下：

（1）构建了重大输水工程交易中实施锦标激励的演化博弈模型。首先，分析了重大输水工程交易中锦标激励的作用机理。其次，构建了实施锦标激励情境下重大输水工程交易中业主与多承包方的演化博弈模型，探讨了博弈主体的行为选择和系统的最优策略组合。最后，利用仿真的方法，分析了业主与多承包方的行为演化规律和影响因素，并针对性地提出调整策略。研究发现，多承包方的行为主要受锦标激励物质奖励程度、公平偏好效用和机会主义行为投机收益三个因素的影响；当业主提供给多承包方的物质奖励和承包方公平偏好的效用之和始终大于其投机行为所得时，有限理性的承包方会不断调整自身策略，最终选择"努力"行为策略；实现系统最优博弈均衡的关键在于使多承包方"努力"行为的收益大于"投机"行为的收益，根据影响承包方行为的关键因素设计合理的锦标激励方案尤为重要。

（2）设计了重大输水工程交易中多目标的锦标激励方案。在博弈分析结果的基础上对重大输水工程交易中多目标锦标激励方案进行设计。首先，根据重大输水工程的特点，从工程质量、进度和安全三个方面确定了锦标激励的具体目标，并对锦标激励实施的原则进行分析。其次，构建了基于公平偏好的重大输水工程交易中的多目标"J"形锦标激励模型，对锦标激励系数进行求解。最后，利用实验研究的方法对锦标激励结构进行设计。研究发现，引入锦标激励机制后，多个承包方将更倾向在工程质量、进度和安全目标中投入最优努力水平，且努力水平会随着锦标激励系数和公平偏好程度的增加而增加；锦标激励系数与承包方的公平偏好系数正相关，与努力成本系数负相关；相比1/2和1/3锦标激励结构，1/4的锦标激励结构更能激发多承包方的努力水平。

（3）建立了重大输水工程交易中锦标激励的成效测度体系。首先，介绍了重大输水工程交易中锦标激励成效测度的基本内涵，阐释了锦标激励成效测度的多维度特征，并从公平性、高效性和系统性三个方面确定了重大输水工程交易中锦标激励成效测度的原则。其次，在目标导向性、简明科学性、现象级评价、可量化和可表征、可操作性和过程与结果相结合的原则上，建立了基于PSR模型的重大输水工程交易中锦标激励成效测度的指标体系，包括1个目标层、3个准则层和25个评价指标。最后，提出了重大输水工程交易中锦标激励成效测度的动态模型，即融合了综合权重法、理想解和灰色关联度的重大输水工程交易中锦标激励成效测度的动态决策模型，能实现对锦标激励实施效果的准确测度。

（4）以ZSJ水资源配置工程为例进行锦标激励方案设计。首先，对ZSJ水资源配置工程的背景、特点和该工程的作用等背景进行了简单介绍；其次，介绍ZSJ水资源配置工程的基本情况，并根据该工程实际施工的特点，运用基于公平偏好的多目标锦标激励模型对ZSJ水资源配置工程的锦标激励的实施方案进行设计。锦标薪酬分配方案结果显示，业主需要给予排名前四名的承包方提供不同等级的激励，提供给前四名承包方的激励系数分别为：0.892、0.789、0.698为和0.617，其中，锦标递减系数为0.88。排名前四名的承包方得到的奖金比例分别为：29.77%、26.34%、23.30%和20.59%。

## 7.1.2 研究建议

为了保证锦标激励机制在重大输水工程的交易中能够顺利实施，基于前文演化博弈分析和锦标激励方案设计的结果，提出了重大输水工程交易中锦标激励机制实施的对策与建议，为重大输水工程交易中锦标激励的顺利实施提供保障。

（1）在合同中明确相应的锦标激励条款。合同条款是促使锦标激励实施规范化和制度化的重要手段，因此需要设计合理、准确和完备的锦标激励条款。在项目招标之前，业主需要就锦标激励实施的原则、激励目标、奖罚条款、激励方法、激励形式、激励金额、成效测度周期等相关激励条款在合同的专用条款中进行规定并报上级审批，在合同中约定双方的风险分担规则，明确各自的权责利和激励合同的内涵。锦标激励合同一经签订，便具有法律效力，以此来保障锦标激励实施过程的规范化。此外，第4章的研究结果发现承包方的最优努力水平会随着其成本系数的增加而减少。因此，为了强化锦标激励的效果，业主可以采取适当的手段降低承包方在施工努力上的努力成本系数，例如构建数字建造平台（BIM技术）共享信息，降低承包方的努力成本系数，并在合同中明确相关制度。

（2）密切关注多承包方的公平偏好心理倾向。第4章重大输水工程交易中锦标激励方案设计的分析结果显示，承包方的公平偏好心理倾向对其施工努力行为有积极影响。因此，在招标阶段，业主应考察承包方的潜在公平偏好程度，在不考虑其他影响因素的条件下，尽量选择公平偏好较强的承包方。业主在选定承包方后可通过设计合理的锦标激励合同条款，激发承包方的公平偏好倾向。此外，业主应该营造公平而充分的竞争环境，以此来激发各个承包方努力水平的提升，这是提高承包方公平偏好心理感知的有效途径。公平、公开和公正的竞争环境也是锦标竞赛的本质特征，是促进高质量、高效率、更安全施工环境的基础。在和谐社会的大背景下，完善公平竞争环境本质上是为了提升工程治理的现代化水平，从而更高水平、更深层次地提升工程建设绩效，最终实现建设工程市场的诚信环境。

（3）建立良好的信息公开制度。第3章重大输水工程交易中实施锦标激励的演化博弈分析结果显示，承包方对声誉的关注能在一定程度上降低其机会主义行为。因此，在重大输水工程交易的锦标竞赛中，需要构建良好的信息公开制度，例如构建声誉发布平台，对锦标竞赛承包方的综合排名进行公示，对表现突出的承包方团队进行奖励和表扬，对出现投机行为的承包方团队进行惩罚和警告。此外，在工程建设过程中，建立合理的信息公开制度，是保证锦标激励公平公正实施的重要前提。通过增强激励政策实施的透明性，定期向社会和公众通报和公开承包方的建设行为，是政府和公众了解承包方建设行为的必要条件。有利于政府和其他社会主体对承包方行为的监督和管理，促进建设信息的交流和传递，利用市场这只无形的手，矫正承包方不诚信的行为。通过向承包方及公众及时公开承包方的建设行为和锦标竞赛结果，实现锦标排名及差距的激励作用。这种信息发布平台不仅可以树立优秀承包方团队的榜样形象，促进承包方团队之间的相互学习，还可以对承包方的不良行为进行警示和批评，帮助市场约束承包方的不良行为。

（4）发挥物质激励与精神激励的协同作用。第3章重大输水工程交易中实施锦标激励的演化博弈分析结果显示，精神激励的潜在收益可以约束承包方的不良行为。在锦标激励中，应充分发挥物质激励与精神激励的协同作用。物质激励可以满足承包方的物质需求，在建设工程中，最常用的激励方式是以物质作为激励手段诱使承包方付出努力；精神激励则可以实现承包方对声誉和信誉等心理上的满足。在重大输水工程交易的物质激励中，锦标激励的奖励差距是保证多个承包方投入最大努力的有效途径，因此，在满足激励模型激励相容约束的前提下，业主可以适当加大奖金激励差距，以此来促使承包方付出最优努力水平。此外，在激励过程中，应将物质激励与精神激励充分结合，平衡物质激励和精神激励的关系，协调好两者之间的比例关系以实现激励效果最佳的状态。重大输水工程交易中的锦标激励应以物质激励为主，精神激励为辅，根据不同工程的特点和承包方团队的素质水平适当调整物质激励和精神激励的比例，以达到最优的激励效果。

（5）建立完善的锦标激励成效测度评价机制。完善的锦标激励成效测度机制是锦标激励成效测度的需要，是锦标激励计划顺利实施的重要保障。业主在锦标激励实施前，可结合重大输水工程的激励目标，对成效测度的周期、执行和监管团队、成效测度的方法等成效测度的内容进行详细规定和说明，并在合同条款中明确，建立合理的锦标激励成效评价机制。在锦标激励成效测度的过程中，可利用第5章设计的锦标激励成效测度的方法，通过对承包方工程质量、进度和安全等数据的不断积累，对激励成效结果数据进行分析，形成动态的锦标激励成效测度机制，例如分析激励效应产生的质量水平升降程度、进度改进程度和安全生产控制程度等，通过当期和历史数据的关联循环评价，实现锦标激励成效的动态评价，为后期激励方案的调整提供依据。

（6）将锦标激励目标与党建工作有机融合。重大输水工程的参建队伍大多来自国企，承包方团队的产出绩效，不仅是其能力的体现，更是对政治担当的考验。将激励目标与企业单位党建工作相结合，可以持续强化承包方团队的大局意识和政治使命感，确保工程的顺利实施。首先，紧盯激励总目标，强化大工程政治引领力。重大输水工程的参建承包方众多，只有思想统一，才能步调一致。在实施锦标激励的过程中，增强"四个意识"，坚定"四个自信"，不断提高承包方队伍的政治责任感、使命感，确保所有承包方队伍将行动和认识统一到建设工程的管理中。其次，将激励效果与党建工作结合，彰显大工程党建战斗力。重大输水工程的党建工作，对凝聚承包方力量，树立企业形象发挥着重要作用，因此有必要将党建工作与建设管理工作有机结合在一起，不断激发项目内生动力，在锦标竞赛中彰显党建工作的战斗力。可将承包方团队的建设绩效与企业党建工作相挂钩，对表现突出的承包方团队进行政治表彰，对未完成建设目标的承包方团队进行处罚。

## 7.2 研究不足和展望

### 7.2.1 研究不足

目前，关于锦标激励机制应用的研究，特别是在建设工程领域的应用研究，还处于探索阶段。而锦标激励机制是一个复杂的制度体系，在激励决策时需要运用经济学、社会学、行为学和心理学等多学科交叉研究。鉴于学识的局限性，导致重大输水工程交易中锦标激励的研究还存在一些不足之处，主要体现在以下几个方面：

（1）虽然锦标激励在一定程度上能很好抑制多承包方之间的合谋行为，但是在工程实践中，承包方之间的交互行为不可避免。本书在设计重大输水工程交易中的锦标激励模型时，认为多承包方的施工行为是独立的，是一种比较理想化的状态，没有将多承包方之间互助和拆台行为的可能性考虑进去。如何综合考虑承包方团队之间的交互行为，并将其引入锦标激励模型将是未来的研究方向。

（2）在第4章锦标激励方案设计时，考虑到实验成本和调查时间的有限性，在进行锦标激励结构的实验设计时，参与实验的被试者主要是来自HH大学工程管理专业的在读大学生和研究生，虽然实验设计合理，但是被试样本代表性存在一定的局限性，其只能作为一个探索性的研究结果。未来的研究应尽可能扩大实验样本，鼓励重大输水工程建设的企业参与实验，以增加实验结果的说服力。

（3）本书的目的在于设计合理的锦标激励方案，激励重大输水工程M—DBB平行交易下多承包方的施工努力行为。本书根据经典的激励理论和锦标赛理论，设计了重大输水工程交易中多目标激励的"J"形锦标激励模型，引用的经济学函数表达式，虽然符合现实情况，但是若能结合大量重大输水工程的实际情况对模型进行改进，将会大大增加研究的适用性和针对性。

### 7.2.2 研究展望

重大输水工程在过去、现在和将来在社会和经济发展中都扮演着重要角色。因此，理论界和实践界需要研究和学习如何更好地开展这些工程。结合本书内容，提出以下几个将来可以继续研究的问题。

（1）适用领域的拓展。本书设计的"J"形锦标激励不仅适用于重大输水工程，也适用于国内外其他大型线性分部工程，如重大公路工程和重大铁路工程等。如何根据不同工程的特点更新本书设计的锦标激励机制是今后有价值的研究问题。

（2）锦标激励模型的深入探讨。本书主要从首位晋升制的正激励角度考虑锦标激励方案的设计，分析了锦标激励系数和锦标激励结构。关于锦标激励中的惩罚规则，本书仅做了常规做法的规定，今后的研究将对末位淘汰制的锦标激励方案（针对排名靠后承包方的惩罚系数和比例）进行进一步的探讨。

（3）成效测度方法的更新。由于重大输水工程的建设是一次性且无法重复的，在对重大输水工程交易中锦标激励成效测度时，无法通过对比实施锦标激励机制前后交易成本的大小，来验证锦标激励能降低交易成本的作用。在锦标激励成效结果测度时，如何加上仿真的方法模拟计算交易成本的差值将是今后研究的方向。

附录

# 附录A  $i$个承包方参与竞争的演化博弈分析

当重大输水工程交易中参与锦标竞争的承包方个数$i$大于2（$i>2$）时，博弈模型分析过程与2个承包方参与竞争时相同，且$i$（$i>2$）个承包方参与竞争的博弈模型的系统最优稳定性条件、主体行为的演化规律和主体行为影响因素与2个承包方参与竞争时的博弈模型结论一样。2个承包方参与竞争的模型结论可以推广到$i>2$个承包方参与竞争的情境。

现举例说明：当$i=3$，即有3个承包方参与竞争的重大输水工程交易中实施锦标激励的演化博弈模型。

规则设计1：假设有3个同质的承包方参与锦标竞争，承包方1获得第一等级的奖励，承包方2获得第二等级的奖励，承包方3获得第三等级的奖励。承包方1选择"努力"行为策略的概率为$y$（$0\leq y\leq1$），选择"投机"行为策略的概率为$1-y$；承包方2选择"努力"行为策略的概率为$z$（$0\leq z\leq1$），选择"投机"行为策略的概率为$1-z$。承包方3选择"努力"行为策略的概率为$w$（$0\leq w\leq1$），选择"投机"行为策略的概率为$1-w$。

规则设计2：业主提供给承包方1的奖励为$W_H$（$W_H\geq0$），提供给承包方2的奖励为$W_L$（$W_L\geq0$），提供给承包方3的奖励为$W_P$（$W_P\geq0$）。在业主"监管"策略下，承包方3采取"投机"行为获得的额外收益为$uD_3$；在业主"弱监管"策略下，承包方3采取"投机"行为获得的额外收益为$D_3$。承包方3因努力工作获得精神激励所带来的潜在收益为$F_3$，承包方3因"投机"行为而被惩罚，罚金为$V_3$。

规则设计3：在考虑公平偏好的锦标激励模型中，$\partial$是承包方在锦标竞争中获胜的自豪偏好，$0<\partial<1$，$\partial\Delta W$是承包方1在锦标竞争中获胜而获得自豪的正边际效用；$\delta$是承包方2在锦标竞争中失利的嫉妒偏好，$0<\delta<1$，$\delta\Delta W$是承包方2在锦标竞争中失利而获得的嫉妒偏好的负边际效用；$\lambda$是承包方3在锦标竞争中失利的嫉妒偏好，$0<\lambda<1$，$\lambda\Delta W$是承包方3在锦标竞争中失利而获得的嫉妒偏好的负边际效用。

其他规则设计与正文中2个承包方参与竞争时相同。

在业主实施锦标激励条件下，业主和3个承包方的博弈策略包括16个策略组合，其策略空间$K$={监管，努力，努力，努力}、{监管，努力，投机，努力}、{监管，投机，努力，努力}、{监管，投机，投机，努力}、{弱监管，努力，努力，努力}、{弱监管，努力，投机，努力}、{弱监管，投机，努力，努力}、{弱监管，投机，投机，努力}、{监管，努力，努力，投机}、{监管，努力，投机，投机}、{监管，投机，努力，投机}、{监管，投机，投机，投机}、{弱监管，努力，努力，投机}、{弱监管，努力，投机，投机}、{弱监管，投机，努力，投机}、{弱监管，投机，投机，投机}。根据锦标激励的规则设计和博弈模型分析方法，业主和3个承包方的策略选择收益矩阵如附表A.1所示。

鉴于3个承包方之间的工作是相互独立的，即3个承包方之间不存在交互行为，增加承包方3并不影响承包方1和承包方2的收益，承包方1和承包方2的复制动态分析不变，为避免重复不再分析。在此仅分析第三个承包方的复制动态方程和系统的稳定均衡点，分析

附表A.1

**实施错标激励时"业主—承包方1—承包方2—承包方3"四方博弈收益矩阵**

| 博弈方 | | 业主监管 | | 业主弱监管 | |
|---|---|---|---|---|---|
| 承包方2 | 承包方3 | 承包方1努力 | 承包方1投机 | 承包方1努力 | 承包方1投机 |
| 承包方2努力 | 承包方3努力 | $a1=\sum_{i=1}^{3}(R_i+O_i)-W_H-W_L-W_P-c_0$<br>$b1=\pi_1+W_H+F_1+\partial\Delta W$<br>$c1=\pi_2+W_L+F_2-\delta\Delta W$<br>$d1=\pi_3+W_P+F_3-\lambda\Delta W$ | $a3=\sum_{i=2}^{3}(R_i+O_i)+R_1+uD_1-W_L-W_P-c_0$<br>$b3=\pi_1+uD_1-v_1$<br>$c3=\pi_2+W_L+F_2-\delta\Delta W$<br>$d3=\pi_3+W_P+F_3-\lambda\Delta W$ | $a5=\sum_{i=1}^{3}(R_i+O_i)-W_H-W_L-W_P$<br>$b5=\pi_1+W_H+\partial\Delta W$<br>$c5=\pi_2+W_L-\delta\Delta W$<br>$d5=\pi_3+W_P-\lambda\Delta W$ | $a7=\sum_{i=2}^{3}(R_i+O_i)+R_1-D_1-W_L-W_P$<br>$b7=\pi_1+D_1$<br>$c7=\pi_2+W_L-\delta\Delta W$<br>$d7=\pi_3+W_P-\lambda\Delta W$ |
| 承包方2努力 | 承包方3投机 | $a9=\sum_{i=1}^{2}(R_i+O_i)+R_3-W_H-W_L-uD_3-c_0$<br>$b9=\pi_1+W_H+F_1+\partial\Delta W$<br>$c9=\pi_2+W_L+F_2-\delta\Delta W$<br>$d9=\pi_3+uD_3-v_3$ | $a11=\sum_{i=1}^{3}R_i+O_2-u(D_1+D_3)-W_L-c_0$<br>$b11=\pi_1+uD_1-v_1$<br>$c11=\pi_2+W_L+F_2-\delta\Delta W$<br>$d11=\pi_3+uD_3-v_3$ | $a13=\sum_{i=1}^{2}(R_i+O_i)+R_3-W_H-W_L-D_3$<br>$b13=\pi_1+W_H+\partial\Delta W$<br>$c13=\pi_2+W_L-\delta\Delta W$<br>$d13=\pi_3+D_3$ | $a15=\sum_{i=1}^{3}R_i+O_2-D_1-D_3-W_L$<br>$b15=\pi_1+D_1$<br>$c15=\pi_2+W_L-\delta\Delta W$<br>$d15=\pi_3+D_3$ |
| 承包方2投机 | 承包方3努力 | $a2=\sum_{i=1}^{3}R_i+O_1+O_3-W_H-uD_2-W_P-c_0$<br>$b2=\pi_1+W_H+F_1+\partial\Delta W$<br>$c2=\pi_2+uD_2-v_2$<br>$d2=\pi_3+W_P+F_3-\lambda\Delta W$ | $a4=\sum_{i=1}^{3}R_i+O_3-u(D_1+D_2)-W_P-c_0$<br>$b4=\pi_1+uD_1-v_1$<br>$c4=\pi_2+uD_2-v_2$<br>$d4=\pi_3+W_P+F_3-\lambda\Delta W$ | $a6=\sum_{i=1}^{3}R_i+O_1+O_3-W_H-D_2-W_P$<br>$b6=\pi_1+W_H+\partial\Delta W$<br>$c6=\pi_2+D_2$<br>$d6=\pi_3+W_P-\lambda\Delta W$ | $a8=\sum_{i=1}^{3}R_i+O_3-(D_1+D_2)-W_P$<br>$b8=\pi_1+D_1$<br>$c8=\pi_2+D_2$<br>$d8=\pi_3+W_P-\lambda\Delta W$ |
| 承包方2投机 | 承包方3投机 | $a10=\sum_{i=1}^{3}R_i+O_1-u(D_2+D_3)-W_H-c_0$<br>$b10=\pi_1+W_H+F_1+\partial\Delta W$<br>$c10=\pi_2+uD_2-v_2$<br>$d10=\pi_3+uD_3-v_3$ | $a12=\sum_{i=1}^{3}R_i-u\sum_{i=1}^{3}D_i-c_0$<br>$b12=\pi_1+uD_1-v_1$<br>$c12=\pi_2+uD_2-v_2$<br>$d12=\pi_3+uD_3-v_3$ | $a14=\sum_{i=1}^{3}R_i+O_1-W_H-D_2-D_3$<br>$b14=\pi_1+W_H+\partial\Delta W$<br>$c14=\pi_2+D_2$<br>$d14=\pi_3+D_3$ | $a16=\sum_{i=1}^{3}R_i-\sum_{i=1}^{3}D_i$<br>$b16=\pi_1+D_1$<br>$c16=\pi_2+D_2$<br>$d16=\pi_3+D_3$ |

如下：

根据附表A.1求出承包方3选择"努力"行为策略的期望收益和"投机"行为策略的期望收益。承包方3选择"努力"行为的期望收益为$E_w$；选择"投机"行为的期望收益为$E_{1-w}$；承包方3的平均收益为$\overline{E_w}$，计算结果如下所示：

$$
\begin{aligned}
E_w &= xz(\pi_3 + W_p + F_3 - \lambda\Delta W) + x(1-z)(\pi_3 + W_p + F_3 - \lambda\Delta W) \\
&\quad + (1-x)z(\pi_3 + W_p - \lambda\Delta W) + (1-x)(1-z)(\pi_3 + W_p - \lambda\Delta W) \\
&= xF_3 + \pi_3 + W_p - \lambda\Delta W
\end{aligned}
\tag{A.1}
$$

$$
\begin{aligned}
E_{1-w} &= xz(\pi_3 + uD_3 - v_3) + x(1-z)(\pi_3 + uD_3 - v_3) + (1-x)z(\pi_3 + D_3) + (1-x)(1-z)(\pi_3 + D_3) \\
&= \pi_3 + D_3 + x(uD_3 - D_3 - v_3)
\end{aligned}
\tag{A.2}
$$

$$
\overline{E_w} = w(xF_3 + \pi_3 + W_p - \lambda\Delta W) + (1-w)[\pi_3 + D_3 + x(uD_3 - D_3 - v_3)]
\tag{A.3}
$$

承包方3选择"努力"行为策略下的复制动态方程为：

$$
f(w) = \frac{\mathrm{d}w}{\mathrm{d}t} = w(E_w - \overline{E_w}) = w(w-1)[D_3 - W_p - \lambda\Delta W + x(uD_3 - F_3 - D_3 - v_3)]
\tag{A.4}
$$

由于承包方3演化稳定策略的必要条件是$\mathrm{d}f(w)/\mathrm{d}(w)<0$，因此可以得出以下分析结果：当$x=(D_3 - W_p + \lambda\Delta W)/(F_3 + D_3 + v_3 - uD_3)$时，则$f(w)\equiv 0$，对于任意$w$均处于均衡状态。当$x \neq (D_3 - W_p + \lambda\Delta W)/(F_3 + D_3 + v_3 - uD_3)$时，令$f(w)=0$可求得，$w=0$，$w=1$为$w$的两个稳定均衡状态。存在以下两种情况：

（1）当$x>(D_3 - W_p + \lambda\Delta W)/(F_3 + D_3 + v_3 - uD_3)$时，$\mathrm{d}f(w)/\mathrm{d}(w)|_{w=1}<0$，$\mathrm{d}f(w)/\mathrm{d}(w)|_{w=0}>0$，所以$w=1$是局部渐进平衡点，$w=0$是非局部渐进平衡点，此时，承包方3倾向选择"努力"行为策略。

（2）当$x<(D_3 - W_p + \lambda\Delta W)/(F_3 + D_3 + v_3 - uD_3)$时，$\mathrm{d}f(w)/\mathrm{d}(w)|_{w=1}>0$，$\mathrm{d}f(w)/\mathrm{d}(w)|_{w=0}<0$，所以$w=0$是局部渐进平衡点，$w=1$是非局部渐进平衡点。此时，承包方3倾向选择"投机"行为策略。

其他分析过程与"业主—承包方1—承包方2"三方博弈相同，不再重复，现对四方博弈的系统稳定性进行分析。根据演化博弈模型求解方法，求得系统的稳定均衡点及判定条件如附表A.2所示。

系统的稳定均衡点和判定条件　　　　　　　　　　　　　　　　　　附表A.2

| 均衡点 | 稳定性及判定条件 | 理想性 |
|---|---|---|
| $E_1(0, 0, 0, 0)$ | $D_1 + D_2 < uD_2 + uD_1 + c_0$，$W_H + \partial\Delta W < D_1$，$W_L - \delta\Delta W < D_2$，$W_p - \lambda\Delta W < D_3$ | 不理想 |
| $E_2(1, 0, 0, 0)$ | $D_1 + D_2 > uD_2 + uD_1 + c_0$，$W_H + F_1 + \partial\Delta W < uD_1 - v_1$，$W_L + F_2 - \delta\Delta W < uD_2 - v_2$，$W_p + F_3 - \lambda\Delta W < uD_3 - v_3$ | 不理想 |
| $E_3(0, 1, 0, 0)$ | $uD_1 + c_0 > D_2$，$W_H + \partial\Delta W > D_1$，$W_L - \delta\Delta W < D_2$，$W_p - \lambda\Delta W < D_3$ | 不太理想 |
| $E_4(0, 0, 1, 0)$ | $uD_1 + c_0 > D_1$，$W_H + \partial\Delta W < D_1$，$W_L - \delta\Delta W > D_2$，$W_p - \lambda\Delta W < D_3$ | 不太理想 |

| 均衡点 | 稳定性及判定条件 | 理想性 |
|---|---|---|
| $E_5$ (1, 1, 0, 0) | $uD_1+c_0<D_2$, $W_H+F_1+\partial\Delta W>uD_1-v_1$, $W_L+F_2-\delta\Delta W<uD_2-v_2$, $W_p+F_3-\lambda\Delta W<uD_3-v_3$ | 不太理想 |
| $E_6$ (1, 0, 1, 0) | $uD_1+c_0<D_1$, $W_H+F_1+\partial\Delta W<uD_1-v_1$, $W_L+F_2-\delta\Delta W>uD_2-v_2$, $W_p+F_3-\lambda\Delta W<uD_3-v_3$ | 不太理想 |
| $E_7$ (0, 1, 1, 0) | $W_H+\partial\Delta W>D_1$, $W_L-\delta\Delta W>D_2$, $W_p-\lambda\Delta W<D_3$ | 不太理想 |
| $E_8$ (1, 1, 1, 0) | 不稳定 | — |
| $E_9$ (0, 0, 0, 1) | $D_1+D_2<uD_2+uD_1+c_0$, $W_H+\partial\Delta W<D_1$, $W_L-\delta\Delta W<D_2$, $W_p-\lambda\Delta W>D_3$ | 不太理想 |
| $E_{10}$ (1, 0, 0, 1) | $D_1+D_2>uD_2+uD_1+c_0$, $W_H+F_1+\partial\Delta W<uD_1-v_1$, $W_L+F_2-\delta\Delta W<uD_2-v_2$, $W_p+F_3-\lambda\Delta W>uD_3-v_3$ | 不太理想 |
| $E_{11}$ (0, 1, 0, 1) | $uD_2+c_0>D_2$, $W_H+\partial\Delta W>D_1$, $W_L-\delta\Delta W<D_2$, $W_p-\lambda\Delta W>D_3$ | 不太理想 |
| $E_{12}$ (0, 0, 1, 1) | $uD_1+c_0>D_1$, $W_H+\partial\Delta W<D_1$, $W_L-\delta\Delta W>D_2$, $W_p-\lambda\Delta W>D_3$ | 不太理想 |
| $E_{13}$ (1, 1, 0, 1) | $uD_2+c_0<D_2$, $W_H+F_1+\partial\Delta W>uD_1-v_1$, $W_L+F_2-\delta\Delta W<uD_2-v_2$, $W_p+F_3-\lambda\Delta W>uD_3-v_3$ | 不太理想 |
| $E_{14}$ (1, 0, 1, 1) | $uD_1+c_0<D_1$, $W_H+F_1+\partial\Delta W<uD_1-v_1$, $W_L+F_2-\delta\Delta W>uD_2-v_2$, $W_p+F_3-\lambda\Delta W>uD_3-v_3$ | 不太理想 |
| $E_{15}$ (0, 1, 1, 1) | $W_H+\partial\Delta W>D_1$, $W_L-\delta\Delta W>D_2$, $W_p-\lambda\Delta W>D_3$ | 理想 |
| $E_{16}$ (1, 1, 1, 1) | 不稳定 | — |

由附表A.2可知，在实施锦标激励的情境下，系统的最优稳定策略为$E_{15}$（0，1，1，1），即业主与3个承包方的｛弱监管，努力，努力，努力｝策略是整个系统的最理想策略组合。根据系统稳定性判定条件可知，当锦标激励强度满足$W_H+\partial\Delta W>D_1$，$W_L-\delta\Delta W>D_2$，$W_p-\lambda\Delta W>D_3$时，系统处于最理想状态。通过对系统的最理想状态的稳定条件分析发现，当业主提供给获得第一等级承包方1的物质奖励$W_H$与其公平偏好的正效用$\partial\Delta W$之和大于承包方1"投机"行为的所得$D_1$时，即$W_H+\partial\Delta W>D_1$，承包方1倾向选择"努力"行为策略；当业主提供给获得第二等级承包方2的物质奖励$W_L$与其公平偏好的负效用$\delta\Delta W$之和大于承包方2"投机"行为的所得$D_2$时，即$W_L-\delta\Delta W>D_2$，承包方2倾向选择"努力"行为策略；同理，当业主提供给获得第三等级承包方3的物质奖励$W_p$与其公平偏好的负效用$\lambda\Delta W$之和大于承包方3"投机"行为的所得$D_3$时，即$W_p-\lambda\Delta W>D_3$，承包方3倾向选择"努力"行为策略。综上所述，当业主提供的激励强度与承包方的公平偏好的效用之和大于承包方投机行为的所得时，多承包方总是选择"努力"策略，行为经过不断演化，最终收敛于"努力"行为策略。

上述博弈分析结果显示，业主提供的锦标激励物质奖励程度、承包方的公平偏好程度和承包方的投机所得是影响多承包方行为选择的重要因素。实现系统最优博弈均衡的关键在于使多承包方"努力"行为的收益大于"投机"行为的收益。为实现锦标激励效果的最优，业主根据影响承包方行为的关键因素，设计合理的锦标激励方案显得尤为重要。

因此，3个承包方参与竞争的博弈模型的结论与2个承包方参与竞争的博弈结果相同。同理，$i \geq 4$个承包方参与竞争的重大输水工程交易中的演化博弈模型也是相似的分析过程和结果。2个承包方参与竞争的博弈模型分析结论可以推广到$i \geq 2$个承包方参与竞争的情境。

## 附录B　重大输水工程交易中锦标激励结构设计实验导语

您好：

欢迎参与此次实验！在实验开始前，请您仔细阅读实验导语，确保您对此次实验的内容和流程有充分认识和了解。

本次实验旨在调查锦标激励结构对努力行为的影响，实验任务需要您单独完成，请不要相互交流和讨论，非常感谢您的配合！

实验基本情况及奖金规则说明：

（1）实验共分为10轮，分两个阶段进行，即每个阶段进行5轮实验，每阶段实验结束后，休息10分钟；整个实验预计耗时3个小时左右。

（2）您和其他被试者被同时安排在一个实验室中，实验室中的座位上均有一个编号。实验助理会将您和另外两位或三位参与者组成一个小组，实验小组是随机分配的，在实验过程中小组成员保持不变。每个实验小组均有一个组代码，每个被试者均有一个编号，固定不变。在实验过程中，您对小组其他成员的努力程度无从得知，您的所有决定都将影响您在小组中的表现。

（3）本次实验的形式是采取锦标竞赛的形式，实验结束后实验助理会对您的成绩进行打分，并在组内排名。实验内容是使用施工进度计划计算工期，请凭您的专业知识对任务表中的题目进行作答，在规定的时间内，计算结果的准确度对输赢有重要影响。

（4）您在小组的得分排名情况将会决定您在本轮获得的积分。每轮实验结束后，对小组中获胜的被试者记报酬$M=10$的积分，对单轮得分落后的被试者记报酬$M=5$的积分。最终的实验得分是对10轮积分进行统计加总。

（5）所有（10轮）实验结束以后，计算总收益，根据总收益评出获胜者和失败者，获胜者最终获得100元奖励，失败的成员获得60元奖励。最终实验结束后，对不同排名的实验者给予相应的奖励。

实验流程大致如下：

（1）实验开始前，实验助理将您与其他成员进行随机分组，并告诉每个小组成员的编号。

（2）分组完成后，请仔细阅读实验导语，确保被试者充分理解实验规则。

（3）正式实验开始前，进行预实验1~2轮，同学若对实验规则存在任何问题，可以在此时提出，预实验结果不计入总收益。

（4）在实验开始前10分钟，实验助理会给您发放本轮实验的任务单，任务单中列出了你需要完成的题目（每一轮实验的题目都不相同）。您需要在15分钟内完成任务单中的题目，每轮实验结束后，及时统计本轮的积分。

（5）单轮实验结束后，实验助理将会告知你在本轮中的排序和得分，并发布下一轮的任务单，开启下一轮实验。

# 附录C 重大输水工程交易中承包方公平偏好心理倾向问卷设计

尊敬的受访者:

您好!

这是一份旨在了解重大输水工程承包方公平偏好心理倾向对锦标激励效果影响的问卷,您所提供的信息对于本课题的研究十分重要。

本问卷中所有问题均不涉及您的个人信息和工作机密,您只需根据自己的经验和专业知识如实作答即可。我们在此郑重承诺,收回的问卷将严格按照统计程序分析,不会涉及具体的单位和个人。感谢您的配合与参与,不胜感激!

祝您

身体健康

工作顺利

## 第一部分 问卷人信息背景

1. 您目前的职位:

□科研人员 □基层管理者 □中层管理者 □高级管理者 □其他

2. 您的学历是:

□本科以下学历 □本科学历 □硕士(含在读) □博士(含在读)

3. 您从事重大输水工程项目管理实践或科研工作的时间(科研实践与工作实践时间之和):

□0～3年 □4～5年 □6～10年 □10年以上

4. 您的年龄:

□25岁以下 □26～35岁 □36～45岁 □46～60岁 □60岁以上

## 第二部分 问卷问题

请您如实对以下问题进行作答,使用5分制为每一个问题打分,5分表示非常同意,1分表示非常反对。

| 题项 | 非常同意 | 同意 | 一般 | 反对 | 非常反对 |
| --- | --- | --- | --- | --- | --- |
| 总体性认知 | | | | | |
| 1.了解目前的薪酬分配制度 | 5 | 4 | 3 | 2 | 1 |
| 2.锦标激励分配方案是公平的 | 5 | 4 | 3 | 2 | 1 |
| 3.对目前的激励方案感到满意 | 5 | 4 | 3 | 2 | 1 |
| 4.激励制度关于薪酬结构设置是合理的 | 5 | 4 | 3 | 2 | 1 |
| 5.适当的薪酬差距能产生激励作用 | 5 | 4 | 3 | 2 | 1 |

| 题项 | 非常同意 | 同意 | 一般 | 反对 | 非常反对 |
|---|---|---|---|---|---|
| 6.激励成效测度方案是合理、公平的 | 5 | 4 | 3 | 2 | 1 |
| 7.该激励制度对每个承包方都一视同仁 | 5 | 4 | 3 | 2 | 1 |
| 参与动机 | | | | | |
| 8.该激励制度下愿意带领团队努力工作 | 5 | 4 | 3 | 2 | 1 |
| 9.只要带领团队努力工作就有获胜的机会 | 5 | 4 | 3 | 2 | 1 |
| 10.锦标激励的薪酬结构能激励团队努力工作 | 5 | 4 | 3 | 2 | 1 |
| 11.我愿意相信业主在激励结果考核时是公平的 | 5 | 4 | 3 | 2 | 1 |
| 12.当薪酬制度不公平时，愿意向有关部门反映 | 5 | 4 | 3 | 2 | 1 |
| 行为动机 | | | | | |
| 13.不会与其他承包方团队合谋 | 5 | 4 | 3 | 2 | 1 |
| 14.不会对其他承包方团队拆台 | 5 | 4 | 3 | 2 | 1 |
| 15.投入最大的努力带领团队参与竞争 | 5 | 4 | 3 | 2 | 1 |
| 16.投入最大的努力在竞争中获胜 | 5 | 4 | 3 | 2 | 1 |
| 17.不会因竞争失败而气馁，抱怨不公平 | 5 | 4 | 3 | 2 | 1 |
| 18.锦标竞争获胜能使承包方团队声誉提升 | 5 | 4 | 3 | 2 | 1 |
| 19.努力争取获胜，以获得更长久的合作 | 5 | 4 | 3 | 2 | 1 |
| 20.在竞争中获胜能给团队带来更多荣誉 | 5 | 4 | 3 | 2 | 1 |
| 21.在锦标竞争中愿意努力诚信的工作 | 5 | 4 | 3 | 2 | 1 |

努力程度

22.在当前锦标激励的薪酬结构中，您愿意带领团队付出的努力程度

□很努力　□努力　□一般努力　□不努力　□非常不努力

23.考虑您在锦标竞赛中获胜的概率，您愿意带领团队付出的努力程度

□很努力　□努力　□一般努力　□不努力　□非常不努力

24.在该锦标激励的薪酬分配制度下，您愿意带领团队付出的努力程度

□很努力　□努力　□一般努力　□不努力　□非常不努力

25.考虑到企业的声誉和长远发展，您愿意带领团队付出的努力程度

□很努力　□努力　□一般努力　□不努力　□非常不努力

感谢您对我们工作的支持与配合，祝好！

# 参考文献

[1] 徐志，马静，王浩，等. 长江口影响水资源承载力关键指标与临界条件[J]. 清华大学学报（自然科学版），2019，59（5）：364-372.

[2] 中华人民共和国国民经济和社会发展第十四个五年规划和2035年远景目标纲要[R/OL]. 2021. http：//www.gov.cn/gongbao/content/2019/content_5430517.htm.

[3] 王浩，马静，刘宇，等. 172项重大水利工程建设的社会经济影响初评[J]. 中国水利，2015（15）：1-4.

[4] 王德东，房韶泽，王新成. EPC模式下抑制总承包商机会主义行为策略[J]. 土木工程与管理学报，2019，36（4）：62-68.

[5] XUE J，YUAN H，SHI B. Impact of contextual variables on effectiveness of partnership governance mechanisms in megaprojects：case of guanxi[J]. Journal of Management in Engineering，2017，33（1）：4016034.

[6] 王德东，傅宏伟. 关系治理对重大工程项目绩效的影响研究[J]. 建筑经济，2019，40（4）：63-68.

[7] LU Y，LUO L，WANG H，et al. Measurement model of project complexity for large-scale projects from task and organization perspective[J]. International Journal of Project Management，2015，33（3）：610-622.

[8] SIRISOMBOONSUK P，GU V C，CAO R Q，et al. Relationships between project governance and information technology governance and their impact on project performance[J]. International Journal of Project Management，2018，36（2）：287-300.

[9] AN S，WOO S，CHO C，et al. Development of budget-constrained rescheduling method in mega construction project[J]. KSCE Journal of Civil Engineering，2017，21（1）：85-93.

[10] 尹贻林，徐志超，邱艳. 公共项目中承包商机会主义行为应对的演化博弈研究[J]. 土木工程学报，2014，47（6）：138-144.

[11] 王卓甫，丁继勇. 重大工程交易治理理论与方法[M]. 北京：清华大学出版社，2022.

[12] XIA N，ZOU P X W，GRIFFIN M A，et al. Towards integrating construction risk management and stakeholder management：A systematic literature review and future research agendas[J]. International Journal of Project Management，2018，36（5）：701-715.

[13] ALMARRI K，BLACKWELL P. Improving risk sharing and investment appraisal for PPP procurement success in large green projects[J]. Procedia - Social and Behavioral Sciences，2014（119）：847-856.

[14] 王晓州. 建设项目委托代理关系的经济学分析及激励与约束机制设计[J]. 中国软科学，2004（6）：77-82.

[15] GIL N A，FU Y. Megaproject performance，value creation and value distribution：an organizational governance perspective[J]. Academy of Management Discoveries，2021：29.

[16] MOOSA I A. Good regulation versus bad regulation[J]. Journal of Banking Regulation，2018，19（1）：55-63.

[17] 施颖，刘佳. 基于演化博弈的我国建筑市场承包商诚信行为研究[J]. 北京交通大学学报（社会科学版），2018，17（2）：82-88.

[18] BUBSHAIT A. Incentive/disincentive contracts and its effects on industrial projects[J]. International Journal of Project Management，2003，21（1）：63-70.

[19] 吴光东，杨慧琳. 基于演化博弈的建设项目承包商道德风险及防范机制[J]. 科技进步与对策，2018，35（24）：56-63.

[20] 王姚姚. 基于承包商道德风险防范的激励合同研究[D]. 天津：天津理工大学，2019.

[21] 周亦宁，刘继才. 考虑上级政府参与的PPP项目监管策略研究[J]. 中国管理科学，2021.

[22] BEKKER M，STEYN H. Defining "project governance" for large capital projects[J]. South African Journal of Industrial Engineering，2009，20（2）：81-92.

[23] XU Z D. How foreign firms curtail local supplier opportunism in China：detailed contracts，centralized control，and relational governance[J]. Journal of International Business Studies，2012，43（7）：677-692.

[24] 雅克·拉丰，让·梯若尔. 政府采购与规制中的激励理论[M]. 上海：上海人民出版社，格致出版社，2014.

[25] LAZEAR E P，ROSEN S. Rank-order tournaments as optimum labor contracts[J]. Journal of Political Economy，1981，89（5）：841-864.

[26] 魏光兴，唐瑶. 考虑偏好异质特征的锦标竞赛激励结构与效果分析[J]. 运筹与管理，2017，26（9）：113-126.

[27] 张瑞，王卓甫，丁继勇. 增值视角下工程交易模式创新设计的影响因素研究：基于扎根理论的半结构访谈[J]. 科技管理研究，2018，38（10）：196-203.

[28] 丁继勇，王卓甫，张坤. 交易费用与工程交易机制系统化设计[J]. 工程管理学报，2017，31（6）：6-10.

[29] LING F Y Y，RAHMAN M M，NG T L. Incorporating contractual incentives to facilitate relational contracting[J]. Journal of Professional Issues in Engineering Education and Practice，2006，132（1）：57-66.

[30] 吉格迪，杨康. 基于委托代理理论的建设项目多要素协同激励控制模型研究[J]. 工业工程，2020，23（1）：96-103.

[31] HAN H，WANG Z，LI H. Incentive mechanism for inhibiting developer's moral hazard behavior in china's sponge city projects[J]. Advances in Civil Engineering，2019：1-10.

[32] 汪应洛，杨耀红. 多合同的激励优化与最优工期确定[J]. 预测，2005（2）：60-63.

[33] 李慧敏，王卓甫. 建设工程交易的研究范式[J]. 华北水利水电学院学报，2012，33（4）：13-18.

[34] 李慧敏. 建设工程项目交易费用产生的影响因素分析[J]. 项目管理技术，2012（8）：35-40.

[35] 李慧敏. 建设工程交易模式和交易机制设计框架[J]. 技术经济与管理研究，2014（1）：9-13.

[36] 方彦腾. 探究建设工程项目交易费用产生的影响因素[J]. 商，2015（20）：11.

[37] 吴佳明. 工程项目建设中交易成本控制研究[D]. 北京：北京交通大学，2008.

[38] CHEUNG S，SUEN H C H，LAM T. Fundamentals of alternative dispute resolution processes in

construction[J]. Journal of Construction Engineering and Management，2002，128（5）：409-417.

[39] LI H，ARDITI D，WANG Z. Determinants of transaction costs in construction projects[J]. Journal of Civil Engineering and Management，2015，21（5）：548-558.

[40] HAASKJOLD H，ANDERSEN B，LAEDRE O，et al. Factors affecting transaction costs and collaboration in projects[J]. International Journal of Managing Projects in Business，2019，13（1）：197-230.

[41] LUO Y，LIANG F，MA Z. The effects of contractual governance and relational governance on construction project performance：an empirical study[J]. International Journal of Digital Content Technology and its Applications，2013，7（8）：741-749.

[42] SANDERSON J. Risk，uncertainty and governance in megaprojects：a critical discussion of alternative explanations[J]. International Journal of Project Management，2012，30（4）：432-443.

[43] WATABAJI M D. Contractual and relational governances：are they complementary or substitutable in the context of value chains[J]. European Journal of Business & Management，2014，6（1）：17-24.

[44] 王雪青，许树生，徐志超. 项目组织中发包人风险分担对承包人行为的影响：承包人信任与被信任感的并行中介作用[J]. 管理评论，2017，29（5）：131-142.

[45] MOHAMED K，KHOURY S，HAFEZ S. Contractor's decision for bid profit reduction within opportunistic bidding behavior of claims recovery[J]. International Journal of Project Management，2011，29（1）：93-107.

[46] LIU D，XU W，LI H. Moral hazard and adverse selection in Chinese construction tender market[J]. Disaster Prevention and Management：an International Journal，2011，20（4）：363-377.

[47] 丁川. 基于完全理性和公平偏好的营销渠道委托代理模型比较研究[J]. 管理工程学报，2014，28（1）：185-194.

[48] 邓世杰. 业主与施工方委托：代理问题研究[J]. 中国水运·航道科技，2017（4）：48-54.

[49] 李良松，徐多，黄宏丽，等. 海绵城市建设PPP项目委托代理契约分析[J]. 水利水电技术，2019，50（11）：18-24.

[50] CERIC A. Strategies for minimizing information asymmetries in construction projects：project managers' perceptions[J]. Journal of Business Economics and Management，2014，15（3）：424-440.

[51] 陈浩杰. 项目总控模式委托代理道德风险激励机制研究[D]. 成都：西南交通大学，2017.

[52] 范琼琼. 建筑业企业项目经理薪酬激励问题研究[D]. 兰州：兰州交通大学，2017.

[53] 曹启龙，盛昭瀚，周晶，等. 契约视角下PPP项目寻租行为与激励监督模型[J]. 科学决策，2015（9）：51-67.

[54] 陈勇强，傅永程，华冬冬. 基于多任务委托代理的业主与承包商激励模型[J]. 管理科学学报，2016，19（4）：45-55.

[55] 王志刚，郭雪萌. PPP项目风险识别与化解：基于不完全契约视角[J]. 改革，2018（6）：89-96.

[56] 尹贻林，王垚，赵华. 不完全契约视角下工程项目风险分担与项目管理绩效影响关系实证研究[J]. 科技进步与对策，2013，30（23）：91-95.

[57] ZACKS E A. The moral hazard of contract drafting[J]. Florida State University Law Review, 2014（4）: 41-43.

[58] EISENKOPF G, TEYSSIER S. Principal-agent and peer relationships in tournaments[J]. Managerial and Decision Economics, 2016, 37（2）: 127-139.

[59] 李俊杰，张红. 地方政府间治理空气污染行为的演化博弈与仿真研究[J]. 运筹与管理, 2019, 28（8）: 27-34.

[60] 桑培东，姚浩娜，张琳. 绿色住宅利益相关者协同推广演化博弈[J]. 土木工程与管理学报, 2019, 36（4）: 33-39.

[61] 郑晓利，杨高升. 大型水利工程信用风险的形成路径及治理对策[J]. 水利经济, 2016, 34（3）: 13-15.

[62] 谢秋皓，杨高升. 动态惩罚机制下公共项目承包商机会主义行为演化博弈[J]. 土木工程与管理学报, 2019, 36（1）: 129-135.

[63] 李小莉. 考虑声誉的公私合作项目监管演化博弈分析[J]. 系统工程学报, 2017, 32（2）: 199-206.

[64] 汪玉亭，丰景春，张可. 政府监管下工程建设质量行为风险传递的演化博弈研究[J]. 软科学, 2021.

[65] 巩永华，邢光军. 校企协同创新知识共享的激励机制设计[J]. 中国集体经济, 2019（26）: 74-75.

[66] 张金萍. 企业人力资源管理中激励机制的应用探讨[J]. 中外企业家, 2019（26）: 98-99.

[67] MIRRLEES J A. Noes on welfare economics, information, and uncertainty[J]. Essays in Equilibr Ium Behavior Under Uncertainty, 1974（4）: 1120-1132.

[68] MIRRLEES J A. Theory of moral hazard and unobservable behavior: part I[J]. Review of Economic Studies, 1999, 66（1）: 3-21.

[69] MIRRLEES J A. The optimal structure of incentives and authority within an organization[J]. The Bell Journal of Economics, 1976, 7（1）: 105-131.

[70] HOLMSTROM B R. Moral hazard and ibservability[J]. The Bell Journal of Economics, 1979, 10（1）: 74-91.

[71] HOLMSTROM B R. Managerial incentive problems: a dynamic perspective[J]. BER Working Papers, 1999, 66（1）: 169-182.

[72] HOLMSTROM B R. Moral hazard in teams[J]. Economic Theory, 1982, 13（2）: 324-340.

[73] 杨杰，宋凌川，崔秀瑞，等. 基于委托代理理论的DB模式道德风险治理研究[J]. 工程管理学报, 2018, 32（1）: 35-40.

[74] 张宏，史一可. 针对EPC项目总承包商的绩效激励机制[J]. 系统工程, 2020, 38（6）: 52-60.

[75] RASHVAND P, MAJID M Z A, PINTO J K. Contractor management performance evaluation model at prequalification stage[J]. Expert Systems with Applications, 2015, 42（12）: 5087-5101.

[76] MENG X, GALLAGHER B. The impact of incentive mechanisms on project performance[J]. International Journal of Project Management, 2012, 30（3）: 352-362.

[77] CHAN D W M, CHAN A P C, LAM P T I, et al. An empirical survey of the motives and benefits of

adopting guaranteed maximum price and target cost contracts in construction[J]. International Journal of Project Management，2011，29（5）：577-590.

[78] LIU J W，MA G H. Study on incentive and supervision mechanisms of technological innovation in megaprojects based on the principal-agent theory[J]. Engineering Construction and Architectural Management，2020（8）：1-10.

[79] 薛凤，陈光宇，谢欢，等.道德风险下重大工程协同创新激励契约设计[J]. 系统工程，2021，39（4）：49-55.

[80] 时茜茜，朱建波，盛昭瀚，等.基于双重声誉的重大工程工厂化预制动态激励机制[J]. 系统管理学报，2017，26（2）：339-345.

[81] 邱聿旻，程书萍.基于政府多重功能分析的重大工程"激励-监管"治理模型 [J]. 系统管理学报，2018，27（1）：129-156.

[82] 吕鹏，陈小悦.多任务委托：代理理论的发展与应用[J].经济学动态，2004（8）：74-77.

[83] HOLMSTROM B，MILGROM P. Multitask principal-agent analyses：incentive contracts，asset ownership，and job design[J]. The Journal of Law，Economics，and Organization，1991（7）：24-42.

[84] DEWATRIPONT M，JEWITT I，TIROLE J. The economics of career concerns，part Ⅱ：application to missions and accountability of government agencies[J]. Review of Economic Studies，1999，66（1）：199-217.

[85] 朱宾欣，马志强，WILLIAMS L.考虑声誉效应的众包竞赛动态激励机制研究[J]. 运筹与管理，2020，29（1）：116-123.

[86] FENG L Q，ZENG K K，SHU F L. Study on the quality control of reputation-based on incentive service-oriented manufacturing network[J]. Open Journal of Social Sciences，2016，4（7）：10-16.

[87] ROELS G，KARMARKAR U S，CARR S. Contracting for collaborative services[J]. Management Science，2010，56（5）：849-863.

[88] SHA K. Vertical governance of construction projects：an information cost perspective[J]. Construction Management and Economics，2011，29（11）：1137-1147.

[89] JHA D. Two essays on multi-tasking，efforts interaction and compensation[D]. New York：Business Administration in the Graduate Collage of Syracuse University，2007.

[90] YANG L，CHEN J，HUANG C. A comprehensive framework for evaluating key project requirements[J]. Journal of Civil Engineering and Management，2014，19（Supplement_1）：S91-S105.

[91] 杨耀红，田宇，梁敏洁.多重激励下的项目优化研究[J].项目管理技术，2019，17（3）：74-78.

[92] 李万庆，邱幸运，孟文清.工程项目工期—成本—质量—安全水平综合优化研究[J]. 工程管理学报，2019，33（2）：136-140.

[93] SAMUELSON P A. Altruism as a problem involving group versus individual selection in economics and biology[J]. American Economic Review，1993（83）：143-148.

[94] 王鼎，郭鹏，郭宁，等.公平偏好下考虑互补效应的项目投资收益分配研究[J]. 运筹与管理，2021，

30（11）：197-202.

[95] 姜跃，韩水华，赵洋. 基于零售商公平偏好的联合减排与低碳宣传微分对策研究[J]. 中国管理科学，2022：1-11.

[96] FEHR E，SCHMIDT K M. A theory of fairness，competition，and cooperation[J]. Quarterly Journal of Economics，1999，113（4）：817-838.

[97] ENGLMAIER F，WAMBACH A. Optimal incentive contracts under inequity aversion[J]. Games and Economic Behavior，2010，69（2）：312-328.

[98] ITOH H. Moral hazard and other-regarding preferences[J]. Japanese Economic Review，2008，55（1）：18-45.

[99] DUR R，GLAZER A. Optimal contracts when a worker envies his boss[J]. The Journal of Law，Economic & Organization，2008（1）：120-137.

[100] 安晓伟，丁继勇，王卓甫，等. 主体公平关切行为对联合体工程总承包项目优化的影响[J]. 北京理工大学学报（社会科学版），2017，19（6）：87-94.

[101] 魏光兴，曾静. 基于公平偏好的工程总承包委托代理分析[J]. 数学的实践与认识，2017，47（16）：81-89.

[102] 张高成. 基于双重成本控制标准的企业激励机制及效应研究[D]. 哈尔滨：哈尔滨工程大学，2016.

[103] 孟凡生，张明明. 基于双重成本控制标准的企业成本核算系统研究[J]. 管理评论，2013，25（3）：171-176.

[104] 李伟伟，易平涛，郭亚军. 有序分位加权集结算子及在激励评价中的应用[J]. 系统工程理论与实践，2017，37（2）：452-459.

[105] 权乐. 建筑工业化激励政策效果评价与提升研究[D]. 天津：天津大学，2019.

[106] 韩青苗，杨晓冬，占松林，等. 建筑节能经济激励政策实施效果评价指标体系构建[J]. 北京交通大学学报（社会科学版），2010，9（3）：59-63.

[107] 刘贵文，陶怡，毛超，等. 政策工具视角的中国装配式建筑政策文本量化研究[J]. 重庆大学学报（社会科学版），2018，24（5）：56-65.

[108] 李丽红，邱羽，王晓楠，等. 装配式建筑激励政策实施效果评价概念模型研究[J]. 建筑经济，2020，41（10）：110-114.

[109] 张横峰，罗蝶，王昊. 高管晋升锦标赛激励与企业创新：来自我国上市公司的经验证据[J]. 会计之友，2022.

[110] NALEBUFF B J，STIGLITZ J E. Prizes and incentives towards a general theory of compensation and competition[J]. Bell Journal of Economics，1983（13）：21-43.

[111] SCHAEFER S，OYE P. Personnel economics：hiring and incentives[J]. NBER Working Paper，2010（4）：1769-1823.

[112] BULL C，SCHOTTER A，WEIGELT K. Tournaments and price rates：an experimental study[J]. Journal of Political Economy，1987（95）：1-33.

[113] GREEN G，STOKEY N. A comparison of tournaments and contracts[J]. Journal of Political Economy，1983（91）：349-364.

[114] 闫威，滕龙旺，胡亮. 锦标赛契约与固定绩效契约对异质代理人行为的影响：实验的证据[J]. 华东经济管理，2015，29（9）：56-62.

[115] 常逢彩，兰燕飞. 基于多任务的锦标赛模型[J]. 系统工程，2013，31（3）：93-99.

[116] 闫威. 动态锦标赛激励效应与机制设计研究[M]. 北京：科学出版社，2019.

[117] GURTLER O，MUNSTER J. Sabotage in dynamic tournaments[J]. Journal of Mathematical Economics，2010，46（2）：179-190.

[118] 黄宝婷，董志强. 存在拆台行为的锦标赛激励效应[J]. 管理工程学报，2020，34（6）：100-109.

[119] 闫威，李娜，杨金兰. 团队锦标赛中沟通对代理人努力、拆台与共谋行为的影响：实验的方法[J]. 管理评论，2014，26（5）：77-88.

[120] DANILOV A，HARBRING C，IRLENBUSCH B. Helping under a combination of team and tournament incentives[J]. Journal of Economic Behavior & Organization，2019（162）：120-135.

[121] MATTHIAS K. Emotions in tournaments[J]. Journal of Economic Behavior & Organization，2008，67（2）：204-214.

[122] 魏光兴，蒲勇健. 工作竞赛中的心理偏好研究[J]. 系统工程学报，2008，23（3）：325-330.

[123] PRADEEP D，JOHN G，HAIMANKO O. Prizes versus wages with envy and pride[J]. Japanese Economic Review，2013，64（1）：98-121.

[124] 李绍芳，郭心毅，蒲勇健. 行为人具有涉他偏好的锦标激励研究[J]. 技术经济，2010，29（1）：122-127.

[125] CHRISTIAN G，DIRK S. Envy and compassion in tournament[J]. Journal of Economics & Management Strategy，2005，14（1）：187-207.

[126] MAGNUS H，MARTIN K. Intention-based fairness preferences in two-player contests[J]. Economics Letters，2013，120（4）：276-279.

[127] 魏光兴，蒲勇健. 公平偏好与锦标激励[J]. 管理科学，2006，19（2）：43-47.

[128] 黄邦根. 公平偏好、高管团队锦标激励与企业绩效[J]. 商业经济与管理，2012（11）：62-70.

[129] 李训，曹国华. 公平偏好员工的锦标激励研究[J]. 管理工程学报，2009，23（1）：143-144.

[130] 刘新民，刘晨曦，纪大琳. 基于公平偏好的三阶段锦标激励模型研究[J]. 运筹与管理，2014，23（3）：257-263.

[131] DU L，HUANG J，JAIN B A. Tournament incentives and firm credit risk：evidence from credit default swap referenced firms[J]. Journal of Business Finance & Accounting，2019，46（7-8）：913-943.

[132] GABRIELLA S L. Tournaments and unfair treatment[J]. The Journal of Socio-Economics，2010，39（6）：670-682.

[133] ESLEY C，HSU D，ROBERTS E. The contingent effects of top management teams on venture performance：Aligning founding team composition with innovation strategy and commercialization

environment[J]. Strategic Management Journal，2014，35（12）：1798-1817.

[134] MICHAEL W. Classic promotion tournaments versus market-based tournaments[J]. International Journal of Industrial Organization，2013，31（3）：198-210.

[135] 邱伟年. 锦标赛理论与高管团队的激励[J]. 现代管理科学，2006（8）：84-86.

[136] 赵骅，丁丽英，冯铁龙. 基于企业集群的技术创新扩散激励机制研究[J]. 中国管理科学，2008，16（4）：175-181.

[137] KRÄKEL M. Helping and sabotaging in tournaments[J]. International Game Theory Review，2005，7（2）：24-42.

[138] 李绍龙，龙立荣，贺伟. 高管团队薪酬差异与企业绩效关系研究[J]. 南开管理评论，2012，15（4）：55-65.

[139] 胡秀群. 地区市场化进程下的高管与员工薪酬差距激励效应研究[J]. 管理学报，2016，13（7）：980-988.

[140] 梅春，林敏华，程飞. 本地锦标赛激励与企业创新产出[J]. 南开管理评论，2021（4）：1-31.

[141] 王春雷. 学术锦标赛视角下的科研论文计分差异研究[J]. 北京社会科学，2020（10）：27-33.

[142] 陈先哲. 学术锦标赛制：中国学术增长的动力机制与激励逻辑[J]. 高等教育研究，2017，38（9）：30-36.

[143] 刘海洋，郭路，孔祥贞. 学术锦标赛机制下的激励与扭曲：是什么导致了中国学术界的高数量与低质量[J]. 南开经济研究，2013（1）：3-18.

[144] 李光，徐干城. 锦标赛制视角下的高校人才计划激励机制研究[J]. 河南师范大学学报（哲学社会科学版），2021，48（2）：143-149.

[145] 张晶，韩李利，梁巧转，等. 具有涉他偏好的地方官员晋升锦标激励研究[J]. 西安交通大学学报（社会科学版），2015（1）：54-60.

[146] 乔坤元，周黎安，刘冲. 中期排名、晋升激励与当期绩效：关于官员动态锦标赛的一项实证研究[J]. 经济学报，2014，1（3）：84-106.

[147] 杨瑞龙，王元，聂辉华. "准官员"的晋升机制：来自中国央企的证据[J]. 管理世界，2013（3）：23-33.

[148] 周黎安. 中国地方官员的晋升锦标赛模式研究[J]. 经济研究，2007（7）：36-50.

[149] 朱浩，傅强，黎秀秀. 基于异质性地方政府激励锦标赛模型及政策意义[J]. 系统工程理论与实践，2015，35（1）：109-114.

[150] CAI H B，TREISMAN D. Did government decentralization cause china's economic miracle[J]. World Politics，2006，58（4）：505-535.

[151] 黄守军，杨俊. 异质发电商竞争下电力市场减排锦标博弈：结构与行为[J]. 管理科学学报，2017，20（12）：52-71.

[152] HARBRING C，IRLENBUSCH B. Incentives in tournaments with endogenous prize selection[J]. Journal of Institutional & Theoretical Economics Jite，2005，161（4）：636-663.

[153] HARBRING C，IRLENBUSCH B. An experimental study on tournament design[J]. Labour Economics，2003（10）：443-464.

[154] KNYAZEV D. Optimal prize structures in elimination contests[J]. Journal of Economic Behavior & Organization，2017（139）：32-48.

[155] KEEFFE M W O，VISCUS K，ZECKHAUSER R J. Economic contests comparative reward schemes[J]. Journal of Labor Economics，1984（2）：27-56.

[156] 闫威，郑润东，党文册，等. 锦标赛结构、阶段性绩效反馈与无意识启动对代理人行为的影响：实验的证据[J]. 经济学（季刊），2017，16（1）：229-254.

[157] ORRISON A，SCHOTTER A，WEIGELT K. Multiperson tournaments：an experimental examination[J]. Management Science，2005，50（2）：268-279.

[158] 曾馨逸，闫威. 锦标赛规模与结构对员工努力水平的影响：一项实验研究[J]. 经济科学，2010（1）：62-71.

[159] CASAS-ARCE P，MARTINEZ-JEREZ F. Relative performance compensation，contests，and dynamic incentives[R]. University of Oxford，2005.

[160] HARBRING C，IRLENBUSCH B. How many winners are good to have? On tournaments with sabotage[J]. Journal of Economic Behavior & Organization，2008（65）：684-702.

[161] 张茜. 锦标机制下的最优激励契约研究[D]. 重庆：重庆交通大学，2014.

[162] ERIKSSON T，POULSENB A，VILLEVALC M C. Feedback and incentives：experimental evidence[J]. Labour Economics，2009，16（6）：679-688.

[163] 闫威，周婧，李娜. 动态锦标赛中代理人努力行为与拆台行为的实验研究[J]. 管理工程学报，2015，29（3）：124-136.

[164] CAPKA J R. Megaprojects：they are a different breed[J]. Public Roads，2004，68（1）：2-10.

[165] FLYVBJERG B. What you should know about megaprojects and why：an overview[J]. Project Management Journal，2014，45（2）：6-19.

[166] 曾晖，成虎. 重大工程项目全流程管理体系的构建[J]. 管理世界，2014（3）：184-185.

[167] SHENG Z H. Fundamental theories of mega infrastructure construction management：theoretical consideration from chinese practices[M]. AG：Springer International Publishing，2018.

[168] 盛昭瀚，程书萍，迁李，等. 重大工程决策治理的"中国之治"[J]. 管理世界，2020，36（6）：202-212.

[169] ZHAO Z，ZUO J，ZILLANTE G. Transformation of water resource management：a case study of the South-to-North Water Diversion project[J]. Journal of Cleaner Production，2017（163）：136-145.

[170] PANG H Y，CHEUNG S O，MEI C C. Opportunism in construction contracting：Minefield and manifestation[J]. International Journal of Project Organisation & Management，2015，7（1）：31-55.

[171] 郑芳. 锦标激励的理论评述与应用[J]. 科技资讯，2008（7）：178-179.

[172] KANEMOTO Y Y，LEOD W B M. Optimal labor contracts with non-contractible human capital[J].

Journal of the Japanese and International Economics，1989，3（4）：385-402.

[173] MATTHIAS K. U-type versus J-type tournaments as alternative solutions to the unverifiability problem[J]. Labour Economics，2003（10）：359-380.

[174] MATTHIAS K. U-Type versus J-Type tournaments[J]. Journal of Institutional and Theoretical Economics，2002，158（4）：614-637.

[175] 麻艳如. 内部劳动力市场视角下的高校教师激励机制研究[D]. 北京：首都经济贸易大学，2018.

[176] 李明，李干滨. 基于生态环境效益补偿的绿色建筑激励机制研究[J]. 科技进步与对策，2017，34（9）：136-140.

[177] 郑莉婷. 激励机制对于企业管理的影响[J]. 商讯，2019（19）：70-71.

[178] ROSS S A. The economic theory of agency：the principal's problem[J]. American Economic Review，1973，63（2）：134-139.

[179] 潘裕敏，刘燕花，王恒伟. 基于演化博弈理论的EPC工程项目委托代理风险控制研究[J]. 工程管理学报，2019，33（5）：115-119.

[180] 朱琪，李燕冰. 公平偏好下混改国企双委托人薪酬激励机制研究[J]. 中国管理科学，2021：1-12.

[181] 刘有贵，蒋年云. 委托代理理论述评[J]. 学术界，2006（1）：69-78.

[182] 张家旺. 基于多任务委托代理的工程项目承包商激励机制研究[D]. 南京：南京大学，2016.

[183] 于斌. 组织理论与设计[M]. 北京：清华大学出版社，2015.

[184] SAM U，PAUL A. Altruism as a problem involving group versus individual selection in economics and biology[J]. American Economic Review，1993（83）：143-148.

[185] LAFFONT J J，MARTIMORT D. The theory of incentives：the principal-agent model[M]. Princeton：Princeton University Press，2001.

[186] 俞文钊，李成彦. 现代激励理论与应用[M]. 大连：东北财经大学出版社，2020.

[187] 沈茜，陈祉怡，李想. 基于双因素理论的新生代员工激励研究综述[J]. 经济研究导刊，2019（6）：127-129.

[188] 赫茨伯格. 赫茨伯格的双因素理论[M]. 北京：中国人民大学出版社，2009.

[189] 阮青松，黄向晖. 西方公平偏好理论研究综述[J]. 外国经济与管理，2005（6）：10-16.

[190] 曹启龙，周晶，盛昭瀚. 基于声誉效应的PPP项目动态激励契约模型[J]. 软科学，2016，30（12）：20-23.

[191] 林强，宋佳琦，付文慧. 考虑公平偏好的零售商主导型供应链均衡决策研究[J]. 中国管理科学，2021，29（6）：149-159.

[192] 李仰祝. 双因素理论在高校教师激励管理中的应用研究[D]. 郑州：河南大学，2012.

[193] 闫威. 锦标赛机制与代理人行为研究[M]. 北京：经济管理出版社，2014.

[194] KNOEBER C，THURMAN W. Testing the theory of tournaments：an empirical analysis of broiler production[J]. Journal of Labor Economics，1994（12）：155-179.

[195] SKAPERDAS S. Contest success functions[J]. Economic Theory，1996，7（2）：283-290.

[196] FESTINGER L. A theory of social comparison processes[J]. Human Relations，1954，7（2）：117-140.

[197] SHARP M M，VOCI A. Individual difference variables as moderators of the effect of extended cross-group friendship on prejudice：Testing the effects of public self-consciousness and social comparison[J]. Group Processes & Intergroup Relations，2011，14（2）：207-221.

[198] 王先甲，欧蓉，陈佳瑜. 公平偏好下双代理人激励契约设计研究[J]. 中国管理科学，2022，30（1）：100-110.

[199] CAMERER C F，THALER R H. Anomalies：ultimatums，dictators and manners[J]. Journal of Economic perspectives，1995，9（2）：209-219.

[200] FALK A，FEHR E，FISCHBACHER U. Testing theories of fairness：Intentions matter[J]. Games and Economic Behavior，2008，62（1）：287-303.

[201] ORTMANN A，FITZGERALD J，BOEING C. Trust，reciprocity，and social history：a re-examination[J]. Experimental Economics，2000，3（1）：81-100.

[202] ANDREONI J，MILLER J H. Rational cooperation in the finitely repeated prisoner's dilemma：Experimental evidence[J]. The Economic Journal，1993，104（418）：570-585.

[203] FEHR E，GACHTER S. Cooperation and punishment in public goods experiments[J]. American Economic Review，2000，90（4）：980-994.

[204] RABIN M. Incorporating fairness into game theory and economics[J]. The American Economic Review，1993，85（3）：1281-1302.

[205] 蒲勇健，郭心毅，陈斌. 基于公平偏好理论的激励机制研究[J]. 预测，2010，29（3）：6-11.

[206] 郑英杰，周岩. 基于横向和纵向公平偏好的二层供应链网络均衡决策[J]. 中国管理科学，2019，27（4）：136-148.

[207] BOLLE F. Is altruism evolutionarily stable? And envy and malevolence? Remarks on bester and guth[J]. Journal of Economic Behavior and Organization，2000，42（1）：131-133.

[208] 阿兰·斯密德. 冲突与合作：制度与行为经济学[M]. 北京：中国人民大学出版社，2004.

[209] 陈良雨，汤志伟. 状态-结构-绩效视角下大学学术锦标赛制研究[J]. 东北大学学报（社会科学版），2019，21（5）：526-531.

[210] 周宏，张巍，杨雯. 相对绩效评价理论及其新发展[J]. 经济学动态，2008（2）：89-93.

[211] GIBBONS R，MURPHY K J. Relative performance evaluation for chief executive officers[J]. Industrial and Labor Relations Review，1990，43（3）：30-51.

[212] THOMAS R H. Interpretation of construction contracts [J]. Journal of Construction Engineering and Management，1994，120（2）：97-112.

[213] 骆品亮. 相对绩效评估与综合绩效评估的激励效率比较分析[J]. 中国管理科学，2005，13（6）：118-123.

[214] 蒋甲丁，肖潇，张玲玲. 知识生态视角下基于WSR的大型工程项目知识共享影响因素及实证研究[J]. 管理评论，2021，33（10）：171-184.

[215] 夏立新，陈欢，夏彦彦. 基于物理-事理-人理系统方法论的我国文献信息资源保障体系建设：内容框架与实施路径[J]. 情报科学，2022，40（2）：4-10.

[216] PRENDERGAST C. The provision of incentives in firms[J]. Journal of Economic Literature，1999，37（1）：7-63.

[217] 秦婧. 相对绩效评估研究成果总括[J]. 经济视角，2003（2）：102-104.

[218] 彭新艳，周国华，黄桂元. 竞争模式下内外部承包商技术创新行为激励研究[J]. 科技管理研究，2017，37（19）：201-209.

[219] 张凯泽，沈菊琴. 准市场下我国排水权交易管理研究：基于演化博弈视角[J]. 河南大学学报（社会科学版），2019，59（4）：21-29.

[220] 惠佳. 基于委托代理理论的建设工程合同激励机制研究[D]. 西安：西安建筑科技大学，2014.

[221] JENSEN H P，STONECASH R E. Incentives and the efficiency of public sector-outsourcing contracts[J]. Journal of Economic Surveys，19（5）：767-787.

[222] LIU J，GAO R，CHEAH C Y J，et al. Incentive mechanism for inhibiting investors' opportunistic behavior in PPP projects[J]. International Journal of Project Management，2016，34（7）：1102-1111.

[223] AN X，LI H，WANG L，et al. Compensation mechanism for urban water environment treatment PPP project in China[J]. Journal of Cleaner Production，2018，201：246-253.

[224] SOPHIA L S，AHSAN H，HEDY J H. Tournament incentives and stock price crash risk：Evidence from China[J]. Pacific-Basin Finance Journal，2019（54）：93-117.

[225] 张凯泽，沈菊琴，徐沙沙，等. 碳排放监管中政府与企业演化博弈及策略研究：基于第三方监督视角[J]. 重庆大学学报（社会科学版），2020，26（4）：82-92.

[226] 张凯泽，沈菊琴，徐沙沙，等. 环境信息披露中的政企演化博弈：媒体监督视角[J]. 北京理工大学学报（社会科学版），2019，21（3）：11-18.

[227] 刁姝杰，匡海波，孟斌，等. 基于前景理论的LSSC服务质量管控策略的演化博弈分析[J]. 中国管理科学，2021，29（7）：33-45.

[228] ZEHNDER C，GOETTE L，FEHR E. A behavioral account of the labor market：the role of fairness concerns[J]. Annual Review of Economics，2009，1（1）：355-384.

[229] 王超发，蔡鑫，杨德林. 考虑决策者期望的企业R&D项目投资路径演化博弈研究[J]. 中国管理科学，2021，29（8）：116-125.

[230] 文学舟，蒋海芸，张海燕. 多方博弈视角下违约小微企业融资担保圈各主体间信任修复策略研究[J]. 预测，2020，39（2）：76-83.

[231] 伍红民，郭汉丁，李柏桐. 多方博弈视角下既有建筑节能改造市场主体行为策略[J]. 土木工程与管理学报，2019，36（1）：156-162.

[232] 杜志平，付帅帅，穆东，等. 基于4PL的跨境电商物流联盟多方行为博弈研究[J]. 中国管理科学，2020，28（8）：104-113.

[233] 李雷. 基于锦标制度的供应链激励机制研究[J]. 吉林大学学报（信息科学版），2013，31（4）：425-

431.

[234] 中华人民共和国水利部. 水利部关于印发水利工程建设质量与安全生产监督检查办法（试行）和水利工程合同监督检查办法（试行）两个办法的通知[R]. 2019. http：//www.tradeinvest.cn/information/8119/detail.

[235] HAN H，WANG Z，LIU B. Tournament incentive mechanisms based on fairness preference in large-scale water diversion projects[J]. Journal of Cleaner Production，2020（265）：121861.

[236] 魏光兴，孟国连，方涌. 基于公平偏好的运气薪酬与激励契约超完全性质研究[J]. 系统管理学报，2020，29（3）：485-493.

[237] HOSSEINIAN S M，CARMICHAEL D G. Optimal gainshare/painshare in alliance projects[J]. The Journal of the Operational Research Society，2013，64（8）：1269-1278.

[238] 温新刚，刘新民，丁黎黎，等. 动态多任务双边道德风险契约研究[J]. 运筹与管理，2012，21（3）：212-219.

[239] 曹启龙，盛昭瀚，周晶，等. 公平偏好下PPP项目多任务激励问题研究[J]. 预测，2016，35（1）：75-80.

[240] 殷红春，黄宜平. 多任务委托工程监理激励机制设计[J]. 现代财经（天津财经大学学报），2006（9）：43-46.

[241] 罗建强，陆淑娴. 基于多任务委托代理的混合产品生成激励机制[J]. 系统工程学报，2020，35（4）：470-481.

[242] SIEMENS F. Fairness，adverse selection and employment contracts[J]. Discussion Paper，2005（58）：1-24.

[243] WEITZMAN M L. Efficient incentive contracts[J]. The Quarterly Journal of Economics，1980，94（4）：719-730.

[244] FEHR E，FISCHBACHER U. Social norms and human cooperation[J]. Trends in Cognitive Sciences，2004，8（4）：185-190.

[245] 中华人民共和国水利部. 水利水电工程施工质量检验与评定规程：SL 176—2007[S]. 北京：中国水利水电出版社，2007.

[246] ZHAO Y W，ZHOU L Q，DONG B Q，et al. Health assessment for urban rivers based on the pressure，state and response framework：a case study of the Shiwuli River[J]. Ecological Indicators，2019（99）：324-331.

[247] 高斌，段鑫星. 我国省域创新创业环境评价指标体系构建及测度[J]. 统计与决策，2021，37（12）：70-73.

[248] 张红，张毅，张洋，等. 基于修正层次分析法模型的海岛城市土地综合承载力水平评价：以舟山市为例[J]. 中国软科学，2017（1）：150-160.

[249] 余顺坤，宋宇晴，王巧莲，等. 平衡工资多理论职能的"双轨制"薪酬框架研究[J]. 中国管理科学，2021，29（5）：190-201.

[250] XIE T，WANG M，SU C，et al. Evaluation of the natural attenuation capacity of urban residential

soils with ecosystem-service performance index（EPX）and entropy-weight methods[J]. Environmental Pollution，2018（238）：222-229.

[251] ZHANG K，SHEN J，HE R，et al. Dynamic analysis of the coupling coordination relationship between urbanization and water resource security and its obstacle factor[J]. International Journal of Environmental Research and Public Health，2019，16（23）：4765.

[252] 叶雪强，桂预风.基于Markov链修正的改进熵值法组合模型及应用[J].统计与决策，2018，34（2）：69-72.

[253] 李刚，李建平，孙晓蕾，等.主客观权重的组合方式及其合理性研究[J].管理评论，2017，29（12）：17-26.

[254] 李克钢，李明亮，秦庆词.基于改进综合赋权的岩爆倾向性评价方法研究[J].岩石力学与工程学报，2020，39（S1）：2751-2762.

[255] 孙晓东，焦玥，胡劲松.基于灰色关联度和理想解法的决策方法研究[J].中国管理科学，2005（4）：63-68.

[256] 徐林明，李美娟，卢锦呈.考虑决策者偏好的均衡接近度灰关联改进TOPSIS动态评价方法及其应用研究[J].中国管理科学，2023，31（3）：251-258.

[257] 吴飞美，李美娟，徐林明，等.基于理想解和灰关联度的动态评价方法及其应用研究[J].中国管理科学，2019，27（12）：136-142.

[258] 尚伟，彭泽英，王卓甫.以质量安全为核心的劳动竞赛的探索与实践[J].人民长江，2004，35（8）：34-38.